机械工程系列“十四五”精品教材

3D 打印技术

主　编　王晓艳　郭顺林　陈　鹏
副主编　熊慧英　张　超　朱悦云

哈尔滨工程大学出版社
Harbin Engineering University Press

内容简介

3D打印是一种快速成型技术，和普通打印技术相比，它几乎能打印任何东西。本书共分为14章，主要包括3D打印基本知识、3D打印的设备材料、3D打印的技术产品、3D打印在食品行业中的应用、3D打印在服饰行业中的应用、3D打印在建筑领域中的应用、3D打印在交通工具中的应用、3D打印在生物科技中的应用、3D打印在工业制造中的应用、3D打印在创业过程中的应用、3D打印在科研考古中的应用、3D打印在其他领域中的应用、3D打印的现状和未来以及4D打印技术。

本书既可作为应用型本科、职业院校3D打印技术及应用课程的教材，还可作为各类技能培训的教材，也可供相关工程技术人员的自学教材。

图书在版编目（CIP）数据

3D打印技术 / 王晓艳，郭顺林，陈鹏主编. -- 哈尔滨：哈尔滨工程大学出版社，2021.6

ISBN 978-7-5661-3086-0

Ⅰ. ①3… Ⅱ. ①王… ②郭… ③陈… Ⅲ. ①立体印刷—印刷术 Ⅳ. ①TS853-49

中国版本图书馆CIP数据核字（2021）第105020号

3D打印技术

3D DAYIN JISHU

责任编辑 张 曦

封面设计 赵俊红

出版发行 哈尔滨工程大学出版社

社 址 哈尔滨市南岗区南通大街145号

邮政编码 150001

发行电话 0451-82519328

传 真 0451-82519699

经 销 新华书店

印 刷 唐山唐文印刷有限公司

开 本 787 mm×1 092 mm 1/16

印 张 14.5

字 数 371千字

版 次 2021年6月第1版

印 次 2021年3月第1次印刷

定 价 68.00元

http：//www.hrbeupress.com

E-mail：heupress@hrbeu.edu.cn

前　言

3D 打印技术起源于 20 世纪 90 年代中期，直到近些年，才成为一门备受追捧的热门技术。由于 3D 打印技术的强大功能，使得它几乎能被应用于所有的行业和领域，同时也是各大科技企业常用的创新技术之一。和人工智能、互联网、大数据及云计算一样，3D 打印技术拥有着巨大的发展前景和应用价值，有人甚至预言，未来 3D 打印有可能改变整个制造行业。

本书是一本以 3D 打印为核心，以 3D 打印的相关知识为出发点，以通俗易懂的方式深度剖析 3D 打印的概况、优势、学习方法、设备材料、技术产品和应用案例等。向读者系统地讲解了 3D 打印的学习方法和途径，让读者在最短的时间内掌握最有用的知识。本书最大的特色主要分为以下四点：

（1）案例众多，纯粹干货：精选 180 多个 3D 打印的产品介绍和应用案例讲述，包括 12 个应用行业领域，帮助读者全面掌握 3D 打印的行情。

（2）学习方法，倾囊相授：系统地介绍了如何进行 3D 打印的学习，讲解了各种学习方法和途径，帮助 3D 打印技术学习者全面掌握学习技巧，从小白秒变大神。

（3）原创内容，独家放送：书中内容是经过深度研究 3D 打印行情和知识技巧后原创提炼出来的内容，打造全书亮点。

（4）内容全面，结构严谨：本书所包含了 3D 打印内容的各个方面，知识体系完整，而且内容结构上层层递进，专业严谨。

本书共分为 14 章，主要涉及 3D 打印各方面的相关内容，是一个完整的 3D 打印知识体系。其中，第 1 章至第 3 章介绍了 3D 打印的入门知识、设备材料和技术产品，包括 3D 打印的概况、优势、学习方法、3D 打印机、3D 打印耗材、3D 打印软件技术和相关产品；第 4 章至第 12 章介绍了 3D 打印在各个行业领域的应用情况和相关案例，共有 12 个行业领域，涉及人们日常生活中的吃、穿、住、行和医疗、制造、科研考古等领域；第 13 章至第 14 章介绍了 3D 打印的现状问题和未来趋势，4D 打印的相关内容，包括 4D 打印和 3D 打印的区别和联系。

本书由王晓艳（山东经贸职业学院）、郭顺林（重庆幼儿师范高等专科学校）和陈鹏（天门职业学院）担任主编，由熊慧英（广西农业职业技术学院）、张超（辽宁机电职业技术学院）和朱悦云（开封大学）担任副主编。本书的相关资料可扫封底微信二维码或登录 www.bjzzwh.com 获得。

由于编者水平有限，书中难免有不妥之处，恳请各位专家及读者提出宝贵意见，以便进一步修订更改。

编　者

目　录

第 1 章　3D 打印基本知识

第 2 章　3D 打印的设备材料

第 3 章　3D 打印的技术产品

第 4 章 3D 打印在食品行业中的应用

第 5 章 3D 打印在服饰行业中的应用

第 8 章 3D 打印在生物科技中的应用

第 9 章 3D 打印在工业制造中的应用

第 10 章　3D 打印在创业过程中的应用

第 11 章　3D 打印在科研考古中的应用

第 12 章　3D 打印在其他领域中的应用

第 13 章 3D 打印的现状和未来

第 14 章 4D 打印技术

第 1 章　3D 打印基本知识

本章导读

3D 打印是一种快速成型技术，学名叫增材制造。本章主要介绍 3D 打印的概况、优势、影视中的 3D 打印和 3D 打印的学习方法。

本章重点

- 3D 打印的概况
- 3D 打印的优势
- 影视中的 3D 打印
- 3D 打印的学习方法

1.1 3D 打印的概况

3D 打印是一项非常神奇的技术，它几乎能够制造出任何物品。本节主要介绍 3D 打印的定义、发展历程。

1.1.1 3D 打印的定义

3D 打印是一种快速成型技术，和普通打印技术相比，它几乎能打印任何东西。3D 打印技术是逐层打印，这也是它和普通打印技术的不同之处。3D 打印的应用范围非常广，如模具制造、工业设计和航天航空等。

1.1.2 3D 打印的发展历程

3D 打印技术和其他科学技术相比，其发展历史并不长，它起源于 20 世纪 90 年代中期。打印工作的原理和普通打印技术基本相同，但 3D 打印的对象通常是物体，而且是通过逐层打印的方式把打印材料进行叠加，所以 3D 打印技术又被称为 3D 立体打印技术。下面是 3D 打印发展史上的一些重大事件，一起见证 3D 打印的发展历程。

1995 年，ZCorp 公司获得了麻省理工学院的授权，开始研发 3D 打印机。

2005 年，ZCorp 公司开发了首个彩色 3D 打印机，并任命名为 Spectrum Z510，如图 1-1 所示为 Spectrum Z510。

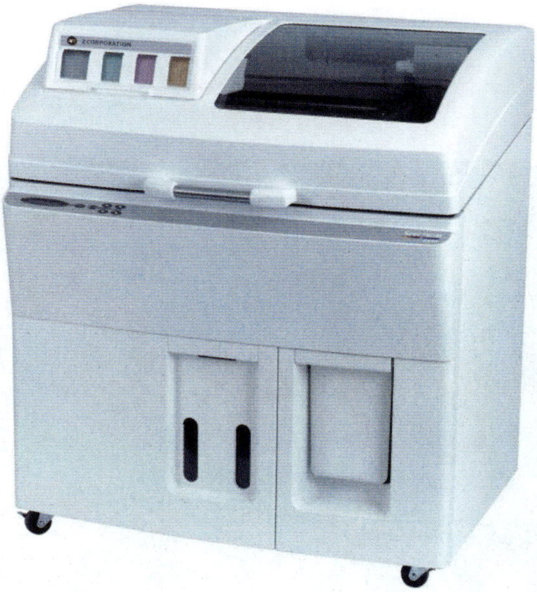

图 1-1 Spectrum Z510

2010 年，世界上第一辆 3D 打印汽车 Urbee 诞生，如图 1-2 所示。

图 1-2　第一辆 3D 打印汽车 Urbee

2011 年 6 月，世界上首款由 3D 打印制作的比基尼发布。同年 7 月，英国研发出了世界上第一款 3D 巧克力打印机，如图 1-3 所示。2011 年 8 月，世界上第一架 3D 打印飞机也问世了，如图 1-4 所示。

图 1-3　第一款 3D 巧克力打印机

图 1-4　第一架 3D 打印飞机

2012 年，苏格兰科学家在人体细胞的基础上，第一次用 3D 打印机打印出了人造肝脏组织。2013 年，上海某拍卖行成功拍卖了 3D 打印艺术品——ONO 之神，如图 1-5 所示，这也是全球首次成功拍卖的 3D 打印艺术品。

图 1-5　“ONO 之神”3D 打印艺术品

2019 年 1 月，美国加州大学某分校利用 3D 打印技术制造出了老鼠的脊髓支架，成功地帮助老鼠恢复了运动功能。

1.1.3 3D 打印的过程

3D 打印的工作过程可分为三大环节，具体内容如图 1-6 所示。

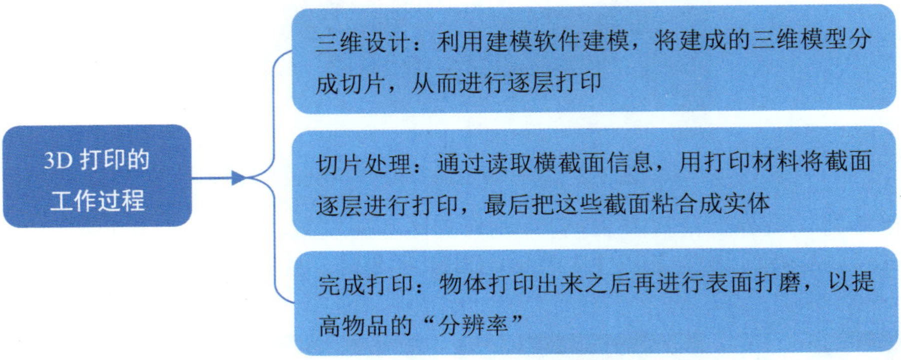

图 1-6 3D 打印的工作过程

1.2 3D 打印的优势

3D 打印有着巨大的优势，对企业产品的生产制造发挥着重要的作用，比如减少产品的开发周期、改善产品设计和改变商业模式等。3D 打印可分为四大优势：成本优势、空间优势、生产优势和技术优势。

1.2.1 成本优势

3D 打印的成本优势主要体现在以下三个方面。

1. 节省人力、物力

3D 打印不仅能够做出很多形状的物品，还能够节省人力和物力成本，而传统的制造设备能做出的形状种类非常有限。此外，3D 打印机只需要数字设计图案和原材料就可以制造出多样化的产品。

2. 不会增加成本

通常，物体越复杂，其制造成本就越高。但是 3D 打印不管制造什么物品，成本都差不多。所以，这将会改变传统的定价模式和计算成本的方式。

3. 不用进行组装

3D 打印能够让部件一体化成型，因此无需组装。而传统的生产是由机器或工人进行组装的，耗费的时间和成本很大。因为 3D 打印不需要组装，从而缩短了供应链，节省了大量的成本，还有利于减少污染。

1.2.2　空间优势

3D 打印的空间优势主要体现在以下两个方面。

1. 设计空间大

传统制造技术制造形状的能力有限，通常会被工具所局限，但 3D 打印机没有这些限制因素，其设计空间非常大。

2. 不占生产空间

3D 打印机的制造能力非常强，它不仅可以打印出比自身更大的物品，还可以随意移动。因为 3D 打印机有较高的单位空间生产能力，使得它不需要占用多少空间。

1.2.3　生产优势

3D 打印的生产优势主要体现在以下三个方面。

1. 生产速度很快

3D 打印机是根据用户需求进行打印的，这种生产模式不仅可以减少原材料的库存，还可以满足用户个性化的需求。3D 打印的生产速度很快，这大大减少了企业运输的成本，促进商业模式的创新。

2. 技术门槛较低

3D 打印生产对员工的技术要求较低，这不仅有利于减少生产失误，还能降低人员培训成本，提高生产效率。3D 打印能够简化操作步骤，变革生产方式，实现零技能制造。

3. 能够减少浪费

3D 打印在生产制造的过程中能够减少原材料的浪费，从而减少污染，是一种更加环保的生产方式。

1.2.4　技术优势

3D 打印的技术优势主要体现在以下两个方面。

1. 数字精确度高

3D 打印的数字精确度高，例如在打印数字音乐文件时，无论复制多少份，其音频质量都不会下降。这使得我们在扫描和复制实体对象时，可以创建精确的数字文件。

2. 材料随意组合

3D 打印的另一大的优势在于能够将不同的原材料融合在一起，并形成新的材料或产品。这些新的材料或产品颜色多种多样，拥有独特的属性和功能。

1.2.5　其他优势

除了上述这些优势之外， 3D 打印的零件整合性很强；有利于推动工业 4.0 的发展；有利于促进社会经济的发展。

1.3　影视中的 3D 打印

3D 打印作为一项高科技技术，拥有巨大的发展潜力和应用价值。在 3D 打印才刚刚起步的时候，一些影视作品中就已应用了这门技术，用艺术创作的方式给人们展现了 3D 打印的神奇和趣味。

1.3.1　《十二生肖》

《十二生肖》是在 2012 年上映的一部喜剧类电影，影片讲述的是主人公为了寻找十二生肖中失散的四个“兽首”文物，历经重重惊险和困难，最终将失散的珍品文物归还国家。电影中，主人公在复制和替换“兽首”时，使用的手段就是 3D 打印技术。

主人公先用特殊手套扫描和复制文物的信息，如图 1-7 所示。然后借助 3D 打印机将文物一模一样打印出来，如图 1-8 所示，最后用 3D 打印的文物替换真品。

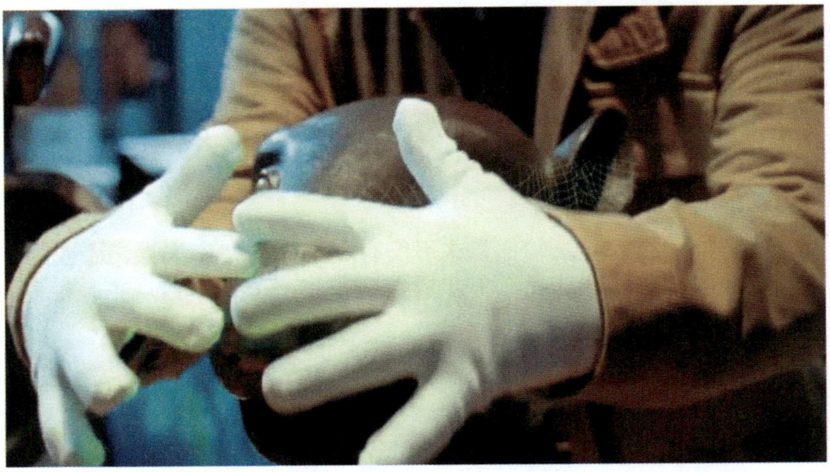

图 1-7　使用特殊手套扫描和复制文物的信息

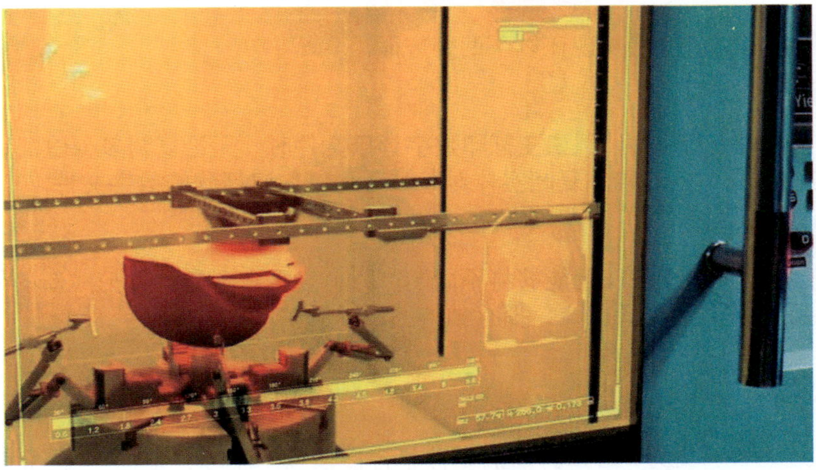

图 1-8　3D 打印文物

1.3.2 《云图》

《云图》是 2012 年上映的电影，影片中展示的是食品 3D 打印的过程，如图 1-9 所示。虽然只有短短几秒的剧情，但却让观众感受到了 3D 打印的神奇之处。在电影中，演员用手指在屏幕上滑动两下就完成了整个食材的配置，接着 3D 打印机读取食材的数据，进行打印工作。

图 1-9 3D 打印食品的过程

虽然，电影《云图》展现了未来科技的魅力，但影片中食品 3D 打印的速度到目前为止，仍然无法达到。

1.3.3 《第五元素》

《第五元素》讲述的故事发生在未来公元 2259 年的纽约，是一部关于 3D 打印技术的科幻电影。影片中的设备可对人体的器官进行修复，如图 1-10 所示，体现了人类对未来 3D 打印技术在医疗方面的美好愿望。

图 1-10 设备进行人体器官修复

1.3.4 3D 打印和影视创作

随着 3D 打印技术的发展和进步，越来越多地被应用到影视创作当中。

例如，定格动画电影《超凡的诺曼》，如图 1-11 所示。在该电影中，大部分人物角色的面部表情都是用 3D 打印技术完成的。这是因为定格拍摄的动画需要不停地变换人物的面部表情，传统的方法非常耗时耗力，而 3D 打印技术能很好地解决这个问题。

图 1-11 电影《超凡的诺曼》

有的电影还用 3D 打印技术制作的道具进行拍摄。例如，电影《星际穿越》中的太空船道具就是用 3D 打印制作的，如图 1-12 所示。

图 1-12 3D 打印《星际穿越》中的太空船道具

和 3D 打印相关的电影还有纪录片《3D 打印传奇》等， 将 3D 打印应用于影视创作中，不仅可以提高电影创作的水平和质量，还可以给我们带来非凡的视觉享受。

1.4 3D 打印的学习方法

随着 3D 打印的发展，越来越多的人从事与 3D 打印的相关工作。虽然，目前还没有大学专门开设 3D 打印专业，但部分高校已经开始了 3D 打印技术的研究，相关专业的课程也涉及这方面的知识。本节主要介绍 3D 打印的学习方法和 3D 打印软件。

1.4.1 必学的 3D 打印软件

要想学会 3D 打印，首先得学会使用 3D 打印的一些必备软件。软件的学习是 3D 打印过程中非常重要的环节，只有熟练掌握这些软件，在之后的学习和应用中才能更加轻松自如、得心应手。

3D 打印必学的软件主要有以下几个。

1．Ultimaker Cura

Ultimaker Cura 是一款免费的 3D 打印模型切片软件，在国内 3D 打印刚刚兴起的时候，3D 打印的用户和机器制造商都使用这款模型切片软件。这款软件的优点有很多，如图 1-13 所示。

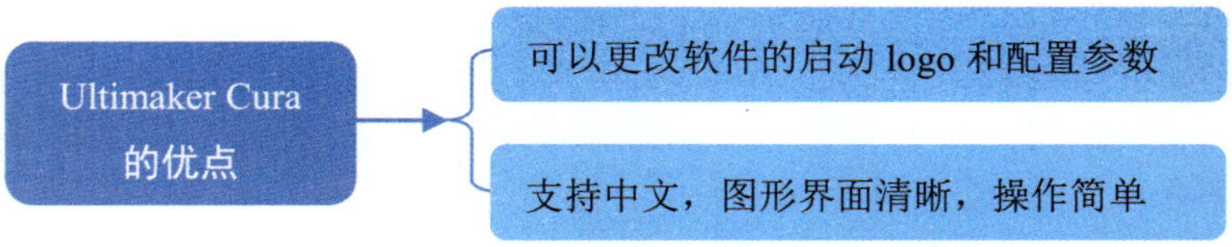

图 1-13 Ultimaker Cura 的优点

Ultimaker Cura 的操作方法非常简便，只需要三步，如图 1-14 所示。

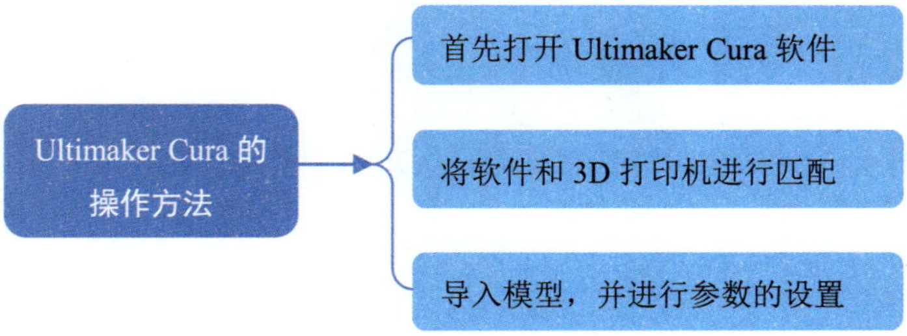

图 1-14 Ultimaker Cura 的操作方法

完成以上三步之后就可以进行切片了，软件会自动生成一个.gcode 格式的文件，只需要将此文件导入 3D 打印机打印即可。

> ▶ 专家指点
>
> 如果软件中没有支持你的机型，就需进行自定义数据，以便软件自动配置适合的打印机尺寸。

进入 Ultimaker 的官网，下载软件的安装包。Ultimaker Cura 软件官网下载页面如图 1-15 所示。

图 1-15　Ultimaker Cura 软件官网下载页面

2．Simplify3D

Simplify3D 也是一款 3D 打印切片软件，和 Ultimaker Cura 不同的是，它是需要付费的，这款软件也是 3D 打印必学的软件之一。

这是一款功能非常强大的 3D 打印软件，官网最新版本为 4.1 版本，新版本增加了不少新功能。例如，多材料功能，改进了打印时间估算的精准度，增强了顺序打印模式等。可以去官网了解 Simplify3D 新增的功能和软件功能，如图 1-16 和图 1-17 所示。

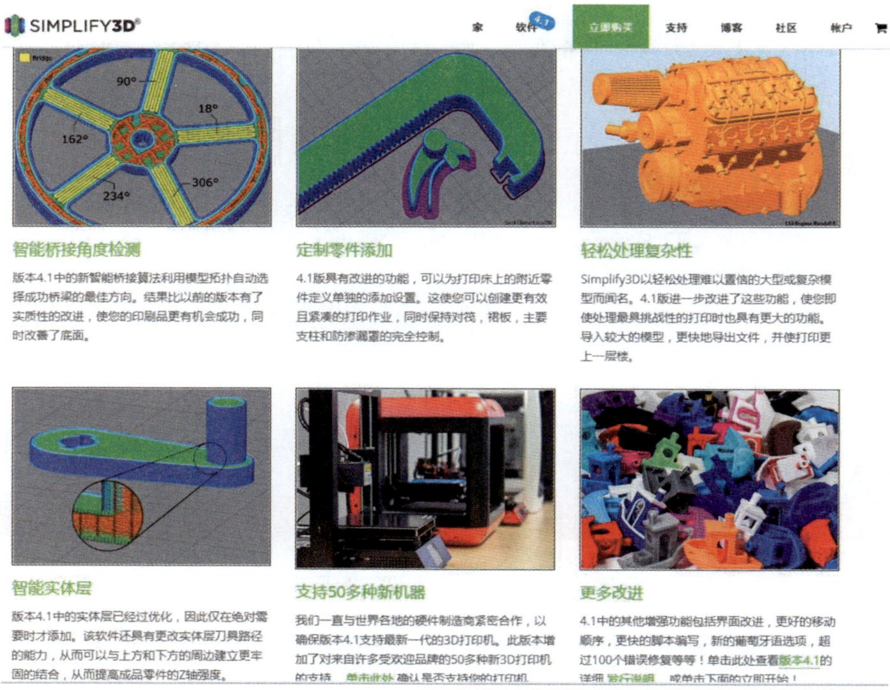

图 1-16　Simplify3D 新增功能介绍

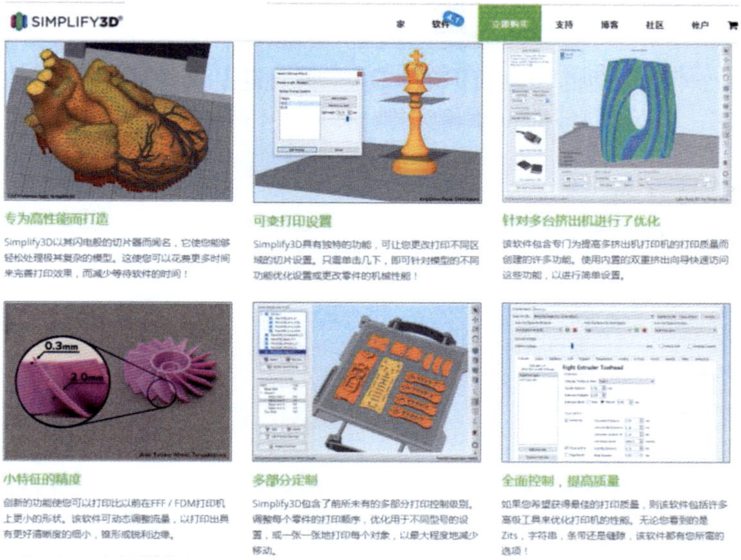

图 1-17　Simplify3D 软件功能介绍

> **▶ 专家指点**
>
> Simplify3D 官网的界面语言不是中文，所看到的中文是浏览器翻译插件自动翻译过来的。如果英语基础欠缺，请在浏览该官网之前安装一个语言翻译插件。

Simplify3D 这款软件本身不支持中文语言，这也是该软件的略微不足之处。进入官网，在官网购买软件后，官方会通过发送电子邮件的方式给用户提供下载链接。对于购买后的各种售后问题，官网也都提供了相应的问题解答，如图 1-18 所示。

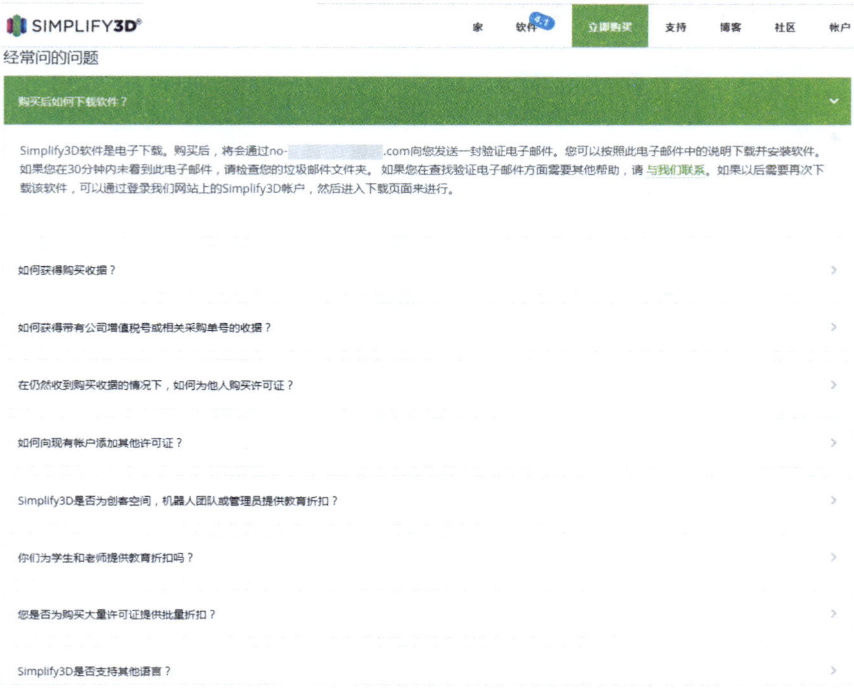

图 1-18　Simplify3D 的售后问题解答

3．Slic3r

Slic3r 是一款小巧、免费的 3D 打印切片工具，并且还是开源的。虽然它的软件体积较小，但功能却十分强大，Slic3r 软件的特点和优势，如图 1-19 所示。

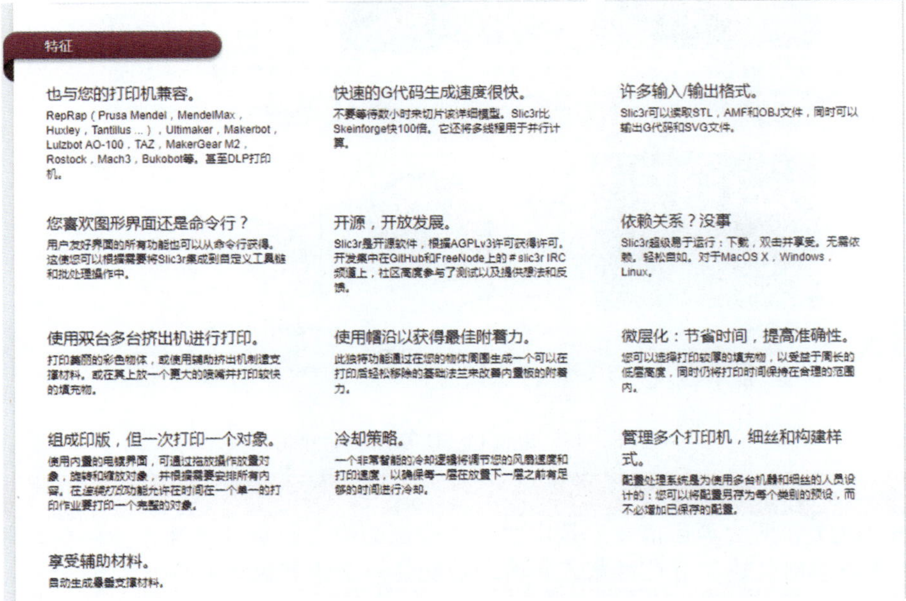

图 1-19　Slic3r 软件的特点和优势

Slic3r 软件提供了三种系统版本下载，即苹果系统、微软系统和 Linux 系统。此外，还提供对应的开发版本下载，以供开发者使用，如图 1-20 所示。

图 1-20　Slic3r 软件各版本下载页面

关于 3D 打印的切片软件还有很多，如 Kisslicer、RepetierHost、Makerware（适用于 MakerBot 打印机自主研发的切片软件）和 Flashprint 等，可以根据自身的喜爱自行选择下载使用和学习。

如果能同时掌握多种同类软件的话，对于 3D 打印的学习帮助更大。

4．Printrun

Printrun 是一款由 Python 语言编写的 3D 打印宿主程序，其官网介绍是 3D 打印主机套件。Printrun 官网上的软件特征介绍如图 1-21 所示。

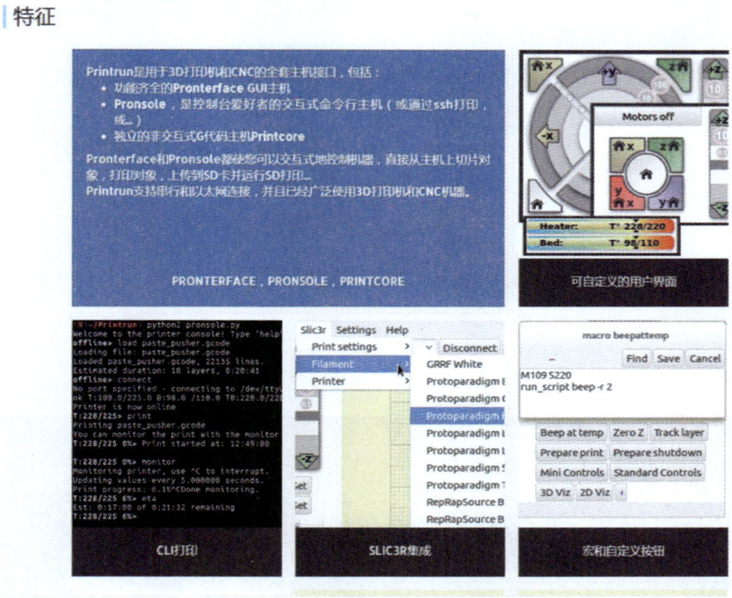

图 1-21　Printrun 官网上的软件特征介绍

在官网，还可以看到软件的下载地址和新的功能介绍，如图 1-22 所示。

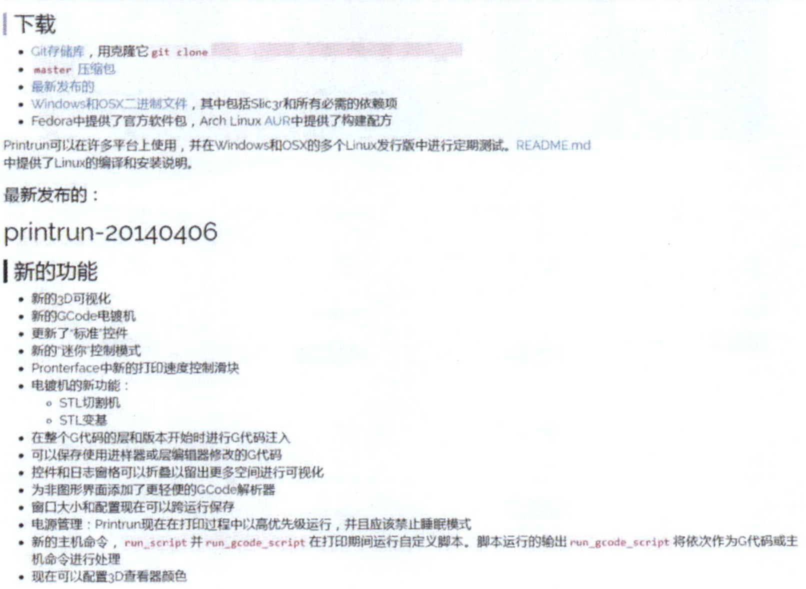

下载

- Git存储库，用克隆它 git clone
- master 压缩包
- 最新发布的
- Windows和OSX二进制文件，其中包括Slic3r和所有必需的依赖项
- Fedora中提供了官方软件包，Arch Linux AUR中提供了构建配方

Printrun可以在许多平台上使用，并在Windows和OSX的多个Linux发行版中进行定期测试。README.md 中提供了Linux的编译和安装说明。

最新发布的：

printrun-20140406

新的功能

- 新的3D可视化
- 新的GCode电镀机
- 更新了"标准"控件
- 新的"迷你"控制模式
- Pronterface中新的打印速度控制滑块
- 电镀机的新功能：
  - STL切割机
  - STL变基
- 在整个G代码的层和版本开始时进行G代码注入
- 可以保存使用进样器或层编辑器修改的G代码
- 控件和日志窗格可以折叠以留出更多空间进行可视化
- 为非图形界面添加了更轻便的GCode解析器
- 窗口大小和配置现在可以跨运行保存
- 电源管理：Printrun现在在打印过程中以高优先级运行，并且应该禁止睡眠模式
- 新的主机命令，run_script 并 run_gcode_script 在打印期间运行自定义脚本。脚本运行的输出 run_gcode_script 将依次作为G代码或主机命令进行处理
- 现在可以配置3D查看器颜色

图 1-22　Printrun 的下载地址和新的功能

5．MiniMagics

MiniMagics 是 Materialize 官网旗下的一款免费的 STL（stereolithography）阅读器，它有三大功能和作用，如图 1-23 所示。

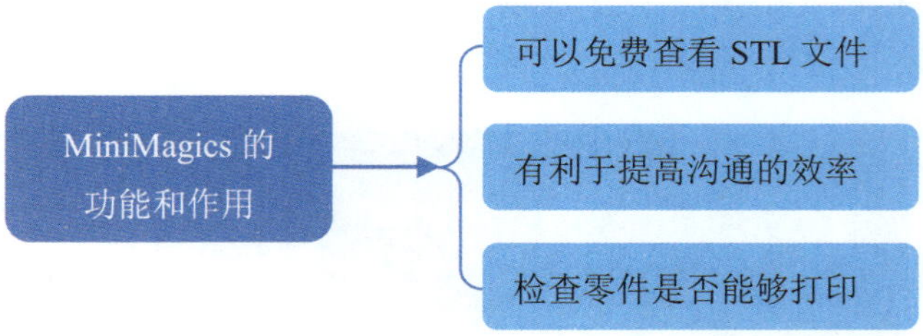

图 1-23　MiniMagics 的功能和作用

MiniMagics 只是 Materialize 网站中的一个 3D 打印软件，实际上 Materialize 和 MiniMagics 是一整套 3D 打印软件套件，如图 1-24 所示。

图 1-24　Materialize 和 MiniMagics 3D 打印软件套件

1.4.2　设计建模

设计建模是 3D 打印必学的内容之一，在进行 3D 打印之前，要先设计 3D 打印模型。设计建模可分为三大模块：三维建模、照片建模和逆向建模。

1. 三维建模

要进行三维模型设计，需先掌握一些建模软件，例如，ZBrush、Blender 和 OpenSCAD 等。

（1）ZBrush。ZBrush 是 Pixologic 公司旗下的一款数字雕刻的三维软件，它能够让创作者充分地发挥灵感，改变传统的三维设计工作方式，是一款非常强大的 3D 设计工具。如图 1-25 所示为 ZBrush 用户设计的作品。

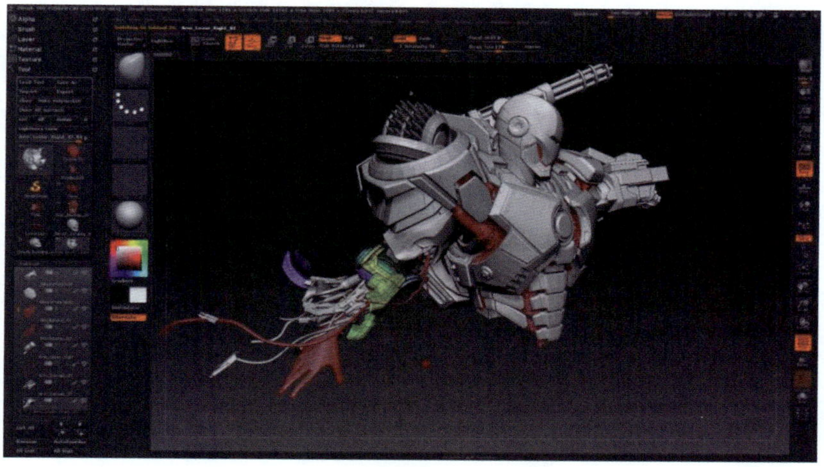

图 1-25　ZBrush 用户设计的作品

ZBrush 软件被广泛应用在电影特效、视频游戏、插图、广告和 3D 打印等各个行业，如图 1-26 所示。

图 1-26　ZBrush 的应用行业

如果想要学习 ZBrush 软件，Pixologic 公司在官网提供了免费的 ZBrush 培训班进行学习，如图 1-27 所示。

图 1-27　官网提供的免费 ZBrush 培训

官网还提供了文件资料和第三方培训，以供用户学习。如图 1-28 所示为官网文件资料阅读页面，如图 1-29 所示为官网第三方培训课程页面。

图 1-28　官网文件资料阅读页面

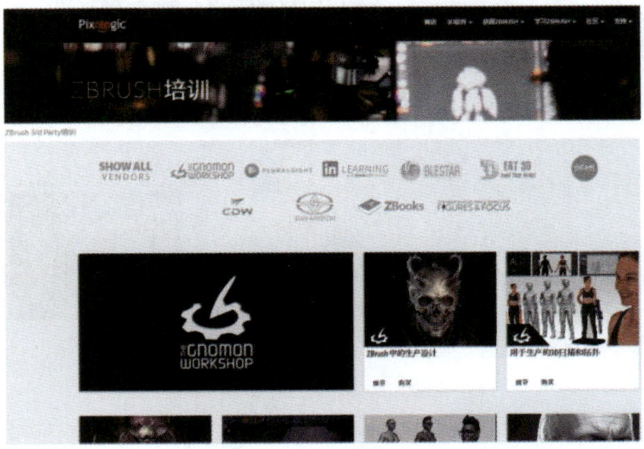

图 1-29　官网第三方培训课程

ZBrush 是付费软件，可以在官网上进行购买，也可以在官方授权的零售商那里购买。Pixologic 公司的 ZBrush 软件根据不同用户的需求给出不同价格，如图 1-30 所示。

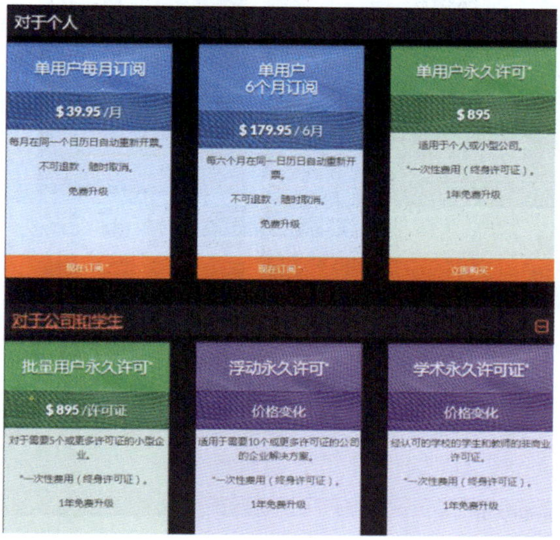

图 1-30　ZBrush 软件根据不同用户的需求给出不同价格

（2）Blender。Blender 是一款三维动画制作软件，主要功能有三维建模渲染和动画制作等。Blender 拥有不同的用户界面和多种系统版本，以 Python 脚本语言为基础，支持第三方渲染器，被广泛应用于各个方面，如图 1-31 所示。

Blender 不仅功能齐全，而且免费使用，同时也是一款开源的软件，拥有三个系统版本（Windows、Mac、Linux），Windows 系统的最新版本更新到了 2.91，可根据配置在系统平台上下载对应的版本，如图 1-32 所示为 Blender 的官网下载页面。

Blender 可以进行 3D 可视化，内置 3D 游戏引擎，不用花太多的成本就可以制作 3D 模型和动画。同时，官网也提供了关于 Blender 软件的培训和教程，只需要加入 Blender Cloud 会员即可，如图 1-33 所示。

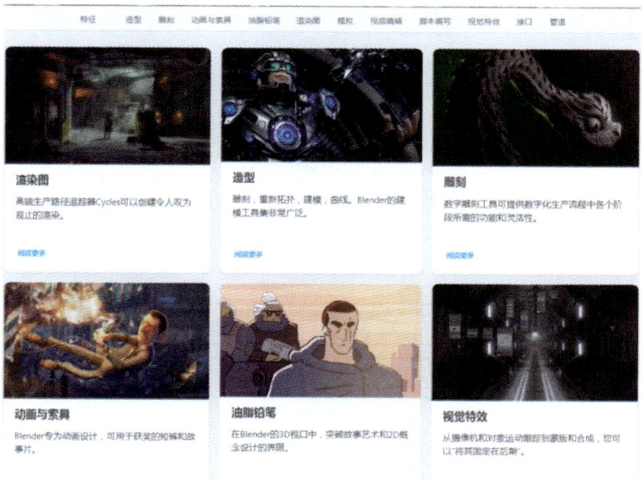

图 1-31　Blender 软件的应用方面

图 1-32　Blender 的官网下载页面

图 1-33　Blender Cloud 会员资格

（3）OpenSCAD。OpenSCAD 是一款用来创建实体 3D CAD 对象的免费软件，也有 Windows、Mac 和 Linux 三个系统版本可供下载。如图 1-34 所示为 OpenSCAD 软件的官方介绍，如图 1-35 所示为 OpenSCAD 软件官网下载页面。

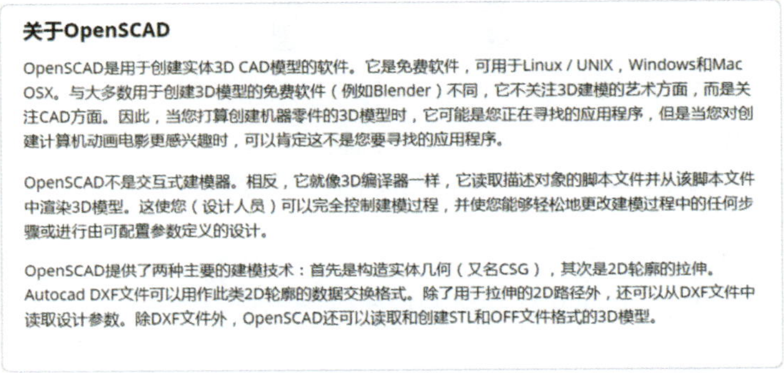

关于OpenSCAD

OpenSCAD是用于创建实体3D CAD模型的软件。它是免费软件，可用于Linux / UNIX，Windows和Mac OSX。与大多数用于创建3D模型的免费软件（例如Blender）不同，它不关注3D建模的艺术方面，而是关注CAD方面。因此，当您打算创建机器零件的3D模型时，它可能是您正在寻找的应用程序，但是当您对创建计算机动画电影更感兴趣时，可以肯定这不是您要寻找的应用程序。

OpenSCAD不是交互式建模器。相反，它就像3D编译器一样，它读取描述对象的脚本文件并从该脚本文件中渲染3D模型。这使您（设计人员）可以完全控制建模过程，并使您能够轻松地更改建模过程中的任何步骤或进行由可配置参数定义的设计。

OpenSCAD提供了两种主要的建模技术：首先是构造实体几何（又名CSG），其次是2D轮廓的拉伸。Autocad DXF文件可以用作此类2D轮廓的数据交换格式。除了用于拉伸的2D路径外，还可以从DXF文件中读取设计参数。除DXF文件外，OpenSCAD还可以读取和创建STL和OFF文件格式的3D模型。

图 1-34　OpenSCAD 软件的官方介绍

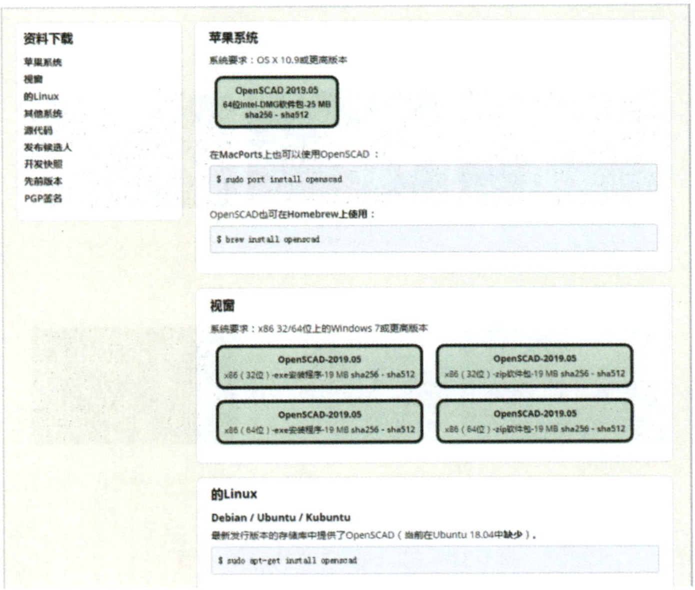

图 1-35　OpenSCAD 软件官网下载页面

同时，官网也提供了 OpenSCAD 软件的相关文献资料，以便用户更好地学习，如图 1-36 所示。

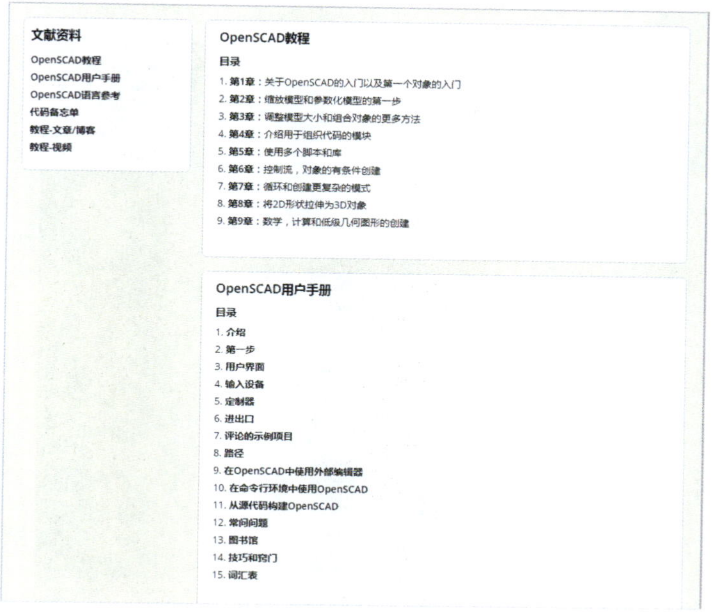

图 1-36　OpenSCAD 软件的相关文献资料

在官网上，还可以查看 OpenSCAD 软件设计的各种模型作品，如图 1-37 所示。

图 1-37　OpenSCAD 软件设计的各种模型作品

2. 照片建模

照片建模是一种利用照相机或手机等拍摄设备采集物体的照片，再用电脑自动生成物体的三维模型的技术。

照片建模可以满足 3D 打印对模型精准度的要求，且其模型纹理颜色比较真实，所以被广泛应用于各个领域。例如，人像 3D 打印照相馆。如图 1-38 所示为 3D 打印照相馆打印的 3D 人像模型。

图 1-38　3D 人像模型

除了 3D 打印照相馆以外，照片建模的应用还有 3D 展示和场景建模等。通过航拍获取场景照片，然后快速生成三维场景的建模，如图 1-39 所示。

图 1-39　三维场景的建模

3．逆向建模

逆向建模就是基于已有的实体模型，进行数据扫描，然后重新生成数字模型的一种建模方式。这是一种不同的建模思路，其模型被用于数字可视化、影视和游戏等领域。

关于逆向建模的学习，需要掌握 Meslab 软件的使用方法，如图 1-40 所示为 Meslab 软件视频教程。

图 1-40　Meslab 软件视频教程

1.4.3　模型修复

除了学会设计建模外，还需要学会对模型进行修复。Netfabb 修复软件可以进入官网下载，如图 1-41 所示为 Netfabb 软件的官网下载页面。

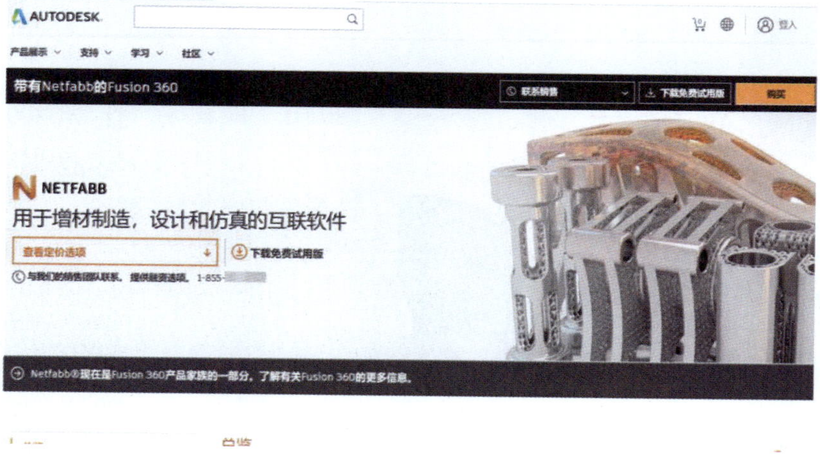

图 1-41　Netfabb 软件的官网下载页面

关于 Netfabb 软件的使用教程，网上也有很多学习资源，如图 1-42 所示为 Netfabb 软件使用教程下载页面。

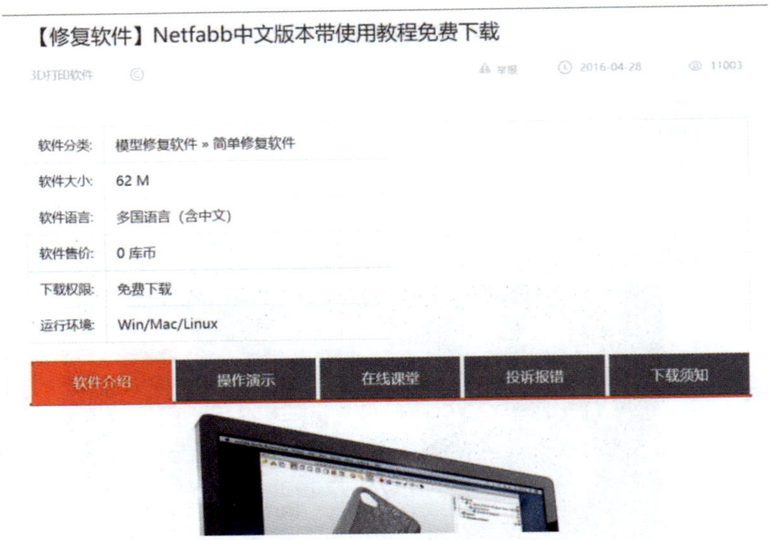

图 1-42　Netfabb 软件使用教程下载页面

1.4.4　行业应用

只学会使用软件是远远不够的，还需要有实战经验和设计思维。只有不断练习项目，积累经验，激发思维，才能真正地掌握 3D 打印这门技术。

可以在网上搜索行业应用视频教程进行练习，如图 1-43 所示。这样不仅有利于巩固学到的 3D 打印知识和技能，还能激发想象力。

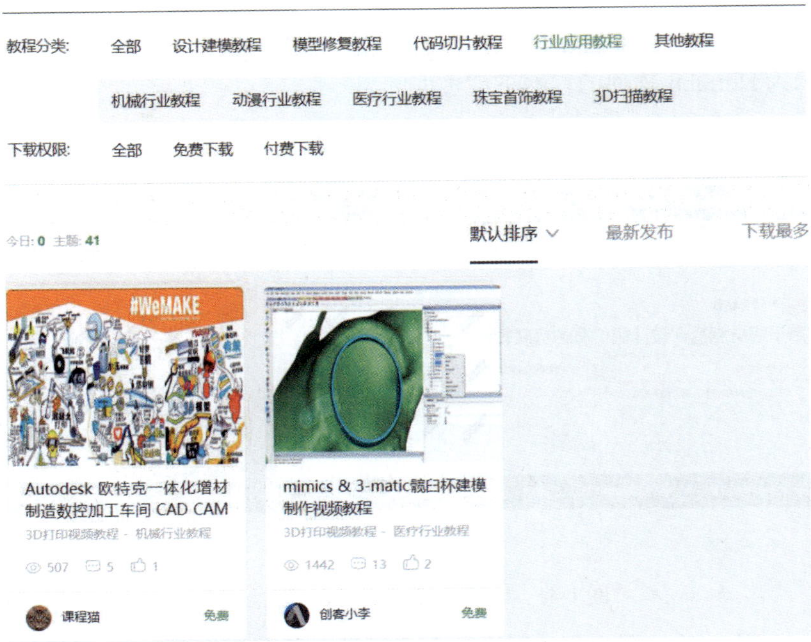

图 1-43　行业应用视频教程

除了以上学习内容外，还可以自学和摸索 3D 打印机的制作教程，如图 1-44 所示。

图 1-44 3D 打印机的制作教程

1.4.5 文档资料

除了可以通过观看视频教程这种方法来进行 3D 打印的学习之外，还可以查阅相关文档资料来进行学习。如图 1-45 所示为 3D 打印文档资料。

图 1-45 3D 打印文档资料

1.4.6 素材下载

为了更好地学习 3D 打印，还需要学会搜索 3D 打印的相关素材。 3D 打印资源网站里就有许多 3D 打印图纸和 3D 打印模型素材可供下载。如图 1-46 所示为 3D 打印图纸的素材页面，如图 1-47 所示为 3D 打印模型的素材页面。

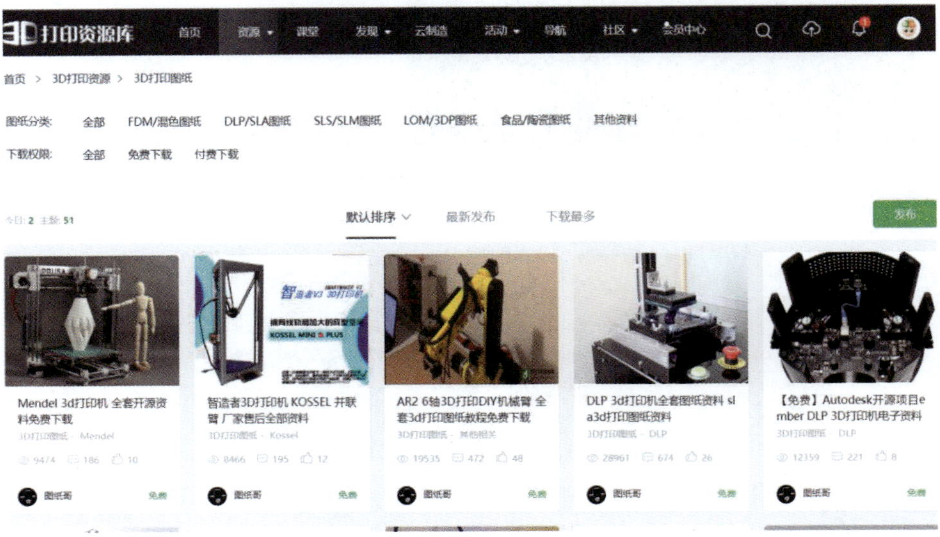

图 1-46　3D 打印图纸的素材页面

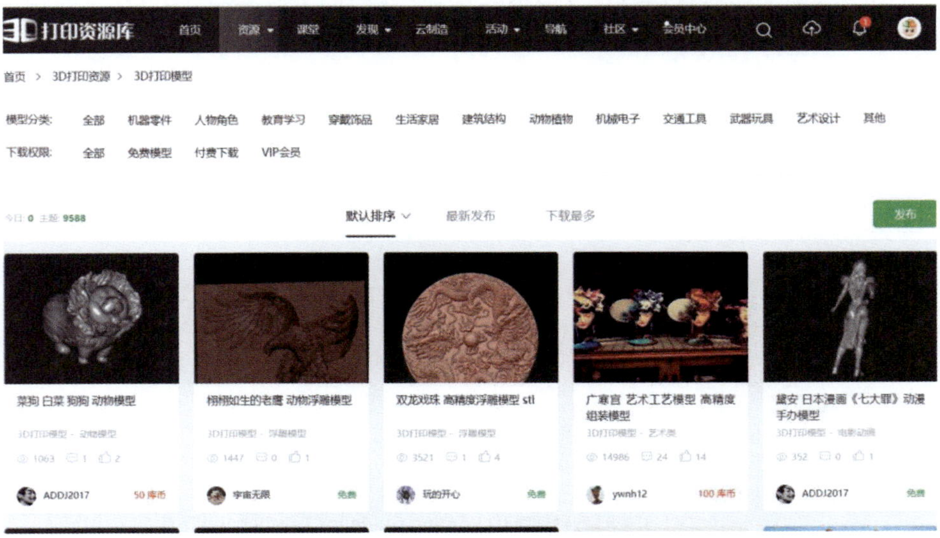

图 1-47　3D 打印模型的素材页面

1.4.7 途径平台

在互联网日益发达的今天，获取信息变得十分容易。就学习来说，通信技术的进步促进了在线教育的兴起和发展，其中就有在线学习平台——腾讯课堂。

“腾讯课堂”的课程资源十分丰富，既有免费和付费课程，也有直播、录播和回放的课程。只需要搜索 3D 打印的关键词，就可以搜索到和 3D 打印有关的课程，如图 1-48 所示。其他的在线学习平台也很不错，如“网易云课堂”等，如图 1-49 所示。

图 1-48　腾讯课堂的 3D 打印课程

图 1-49　网易云课堂的 3D 打印课程

1.4.8　活动展会

学习 3D 打印的途径还有一个，就是参加和 3D 打印有关的活动大赛和行业展会。通过参加这些活动，既可以和专业人士进行互动交流，知识探讨，还可以检验自己的知识水平，参加专业领域的活动和展会也是提升 3D 打印技术最常用的方法之一。

可以在网上搜索 3D 打印的专业网站，网站里一般会发布 3D 打印的展会和活动的信息。如图 1-50 所示为某网站发布的 3D 打印线上活动信息，如图 1-51 所示为 3D 打印的行业展会信息。

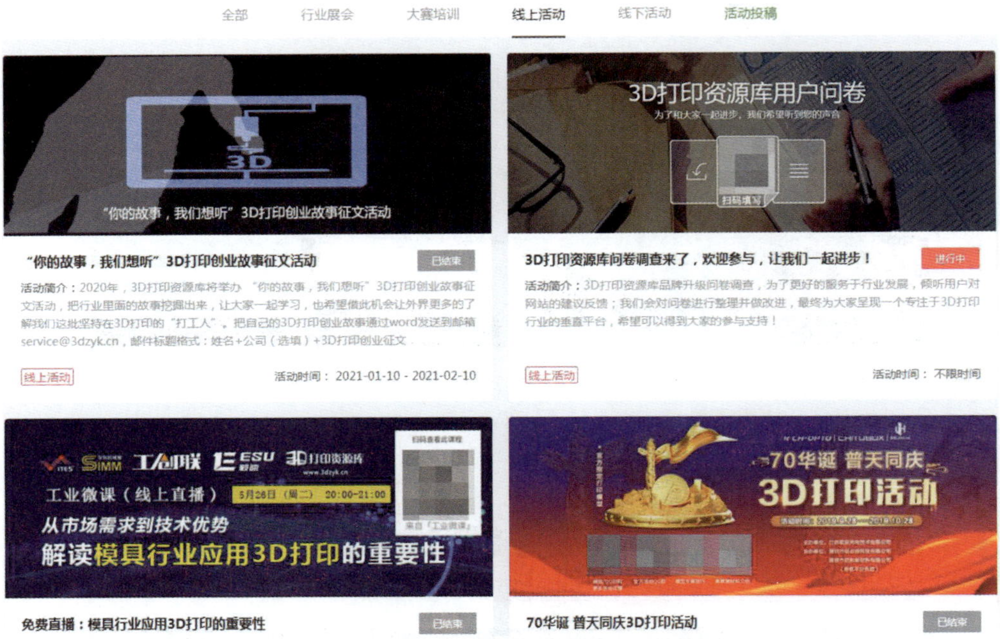

图 1-50　某网站发布的 3D 打印线上活动信息

图 1-51　3D 打印的行业展会信息

本章小结

本章主要了介绍 3D 打印的概况和 3D 打印的优势，影视中的 3D 打印和 3D 打印的学习方法。通过本章的学习，读者应了解 3D 打印的定义，3D 打印发展历程，3D 打印有成本、空间、生产、技术和其他优势；掌握 3D 打印和影视创作，3D 打印软件，设计建模和模型修复的知识，如何进行行业应用和查阅相关文档资料，搜索 3D 打印的相关素材方法和主流的在线学习平台等。

本章习题

1．3D 打印是什么？
2．3D 打印有哪些优势？

第 2 章　3D 打印的设备材料

本章导读

要想利用 3D 打印技术打印出好的作品，就得准备 3D 打印机和其所需的 3D 打印耗材。本章主要介绍 3D 打印机产品和常用的 3D 打印耗材种类，以及如何选择合适的设备和材料。

本章重点

- 3D 打印机
- 3D 打印耗材
- 3D 打印设备和材料的选择

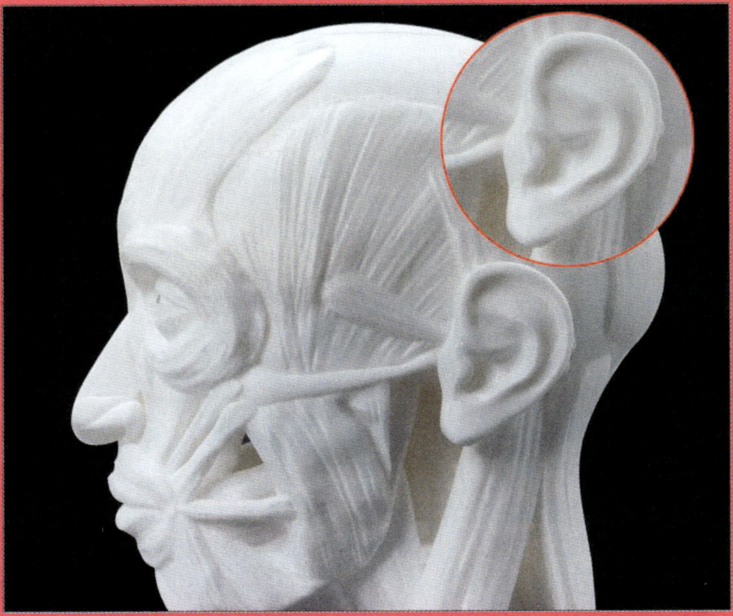

2.1　3D 打印机

本节主要介绍近年来各大硬件厂商推出的 3D 打印机产品。

2.1.1　创想三维 Ender-3S

创想三维 Ender-3S 是创想三维科技推出的一款一体式 3D 打印机，与其他打印机相比，这款打印机的价格只有 1 000 元左右，产品定位为个人家用。如图 2-1 所示为创想三维 Ender-3S 产品外观图，如图 2-2 所示为创想三维 Ender-3S 的新功能和特点。

图 2-1　创想三维 Ender-3S 产品外观图

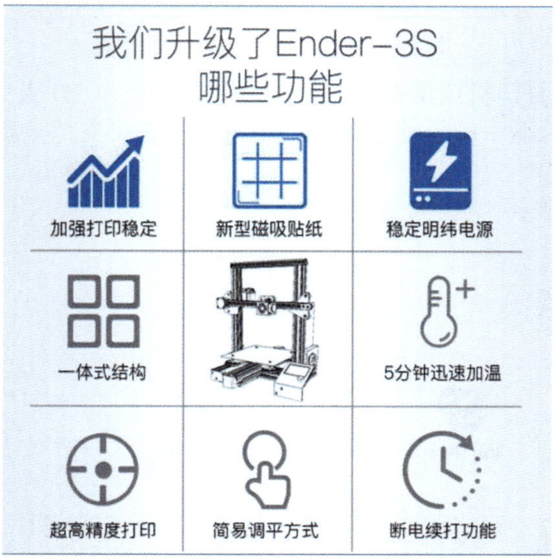

图 2-2　创想三维 Ender-3S 的新功能和特点

创想三维 Ender-3S 尺寸适中、体积小，而且质量较轻，便于随身携带。如图 2-3 所示为创想三维 Ender-3S 的机器参数。

Ender-3S机器参数

型　号	Ender-3S
成型技术	FDM （Fused Deposition Molding）
打印尺寸	220*220*250mm
打印速度	≤180mm/s，正常打印速度30-60MM/S
打印精度	±0.1mm
喷嘴直径	标配0.4mm 可换0.3、0.2mm
热床温度	≤110℃
工作模式	联机或SD卡脱机打印
文件格式	STL,obj,amf
切片软件	Cura, Repetier-Host ,Simplify3D
电源参数	输入:AC 100-120V/6.8A 200-240V/3.4A 50/60Hz 输出:DC 24V 270W
打印材料	1.75mm PLA、ABS、软胶，木质，含铜，渐变等。
净　重	6.9kg
机器尺寸	440*440*465mm
毛　重	8.9kg
包装尺寸	595*495*165mm

图 2-3　创想三维 Ender-3S 的机器参数

创想三维 Ender-3S 采用的专利技术，如图 2-4 所示。

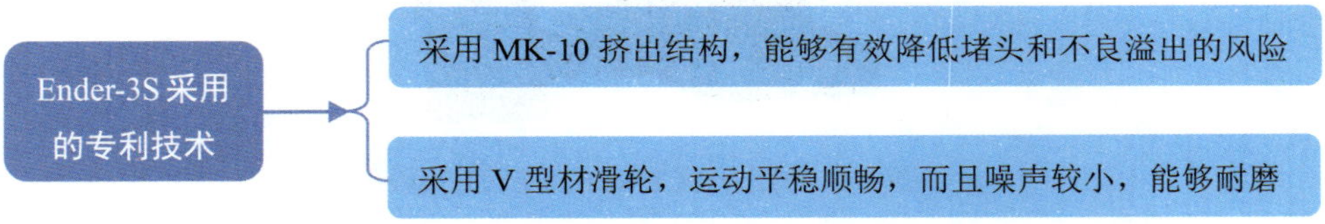

图 2-4　Ender-3S 采用的专利技术

创想三维 Ender-3S 打印机应用在灯饰设计、家居创意和 3D 人像等多种领域，并且还可以让用户自行组装，体验动手的乐趣。创想三维 Ender-3S 可支持多款 3D 打印软件，如图 2-5 所示。

图 2-5　创想三维 Ender-3S 可支持多款 3D 打印软件

2.1.2　闪铸科技金刚狼 2

闪铸科技金刚狼 2 是闪铸科技旗下的一款中高端 3D 打印机，采用先进的独立双头系统。如图 2-6 所示为其官网对这款产品的相关介绍。

图 2-6　闪铸科技金刚狼 2 的产品相关介绍

闪铸科技金刚狼 2 拥有两个喷头，可以同时打印一个模型，实现多耗材的同时打印，有效地提高了批量打印的效率。另外，它还拥有三种打印模式，如图 2-7 所示。

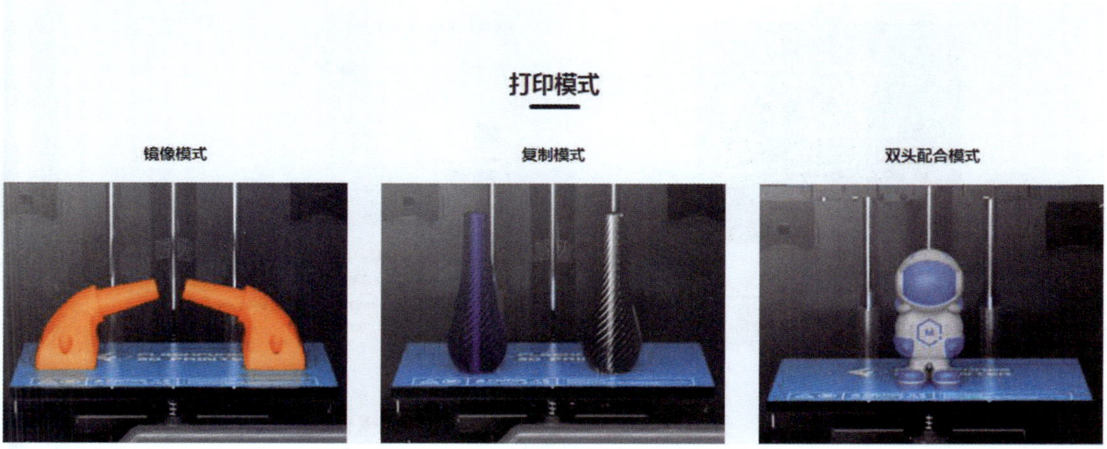

图 2-7　闪铸科技金刚狼 2 的三种打印模式

闪铸科技金刚狼 2 采用残料防漏丝设计，能够有效地避免双色打印或双材料打印的溢丝。还有辅助的喷头进行校准，支持 PLA、ABS 等多种耗材打印。如图 2-8 所示为闪铸科技金刚狼 2 的参数规格。

闪铸科技金刚狼 2 和创想三维 Ender-3S 价格相差较大，因为它是一款定位中高端的 3D 打印机，其天猫官方旗舰店的售价为 5 499 元，如图 2-9 所示。

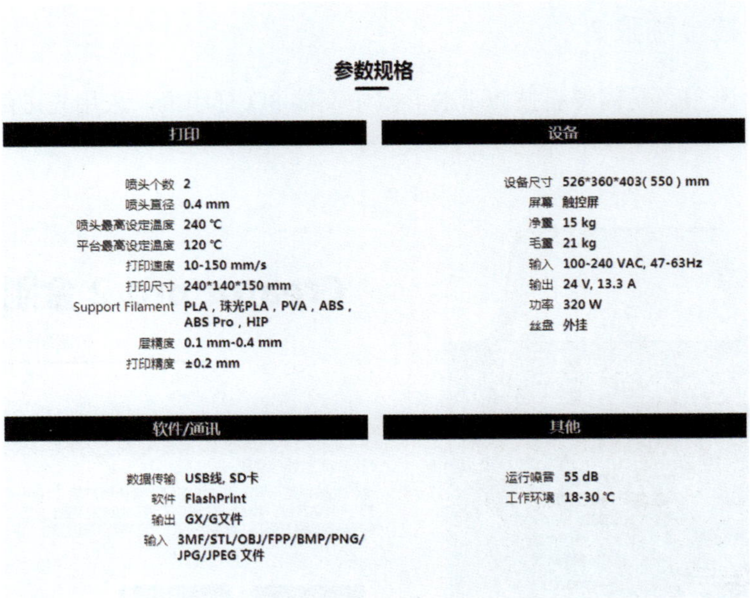

图 2-8　闪铸科技金刚狼 2 的参数规格

图 2-9　闪铸科技金刚狼 2 的官方售价

2.1.3　弘瑞 Z600

弘瑞 Z600 是一款工业级 3D 打印机，价格昂贵，中关村报价高达 45 800 元。如图 2-10 所示为弘瑞 Z600 的产品外观图。弘瑞 Z600 作为一款工业级的 3D 打印设备，拥有成型体积大、五点调平等特点，如图 2-11 所示。

图 2-10　弘瑞 Z600 的产品外观图

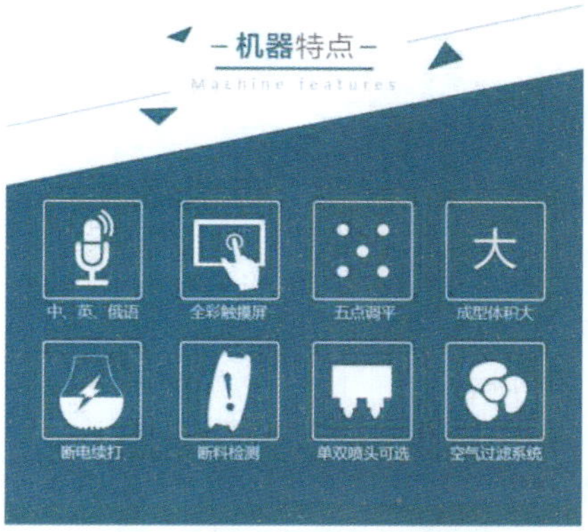

图 2-11　弘瑞 Z600 的机器特点

弘瑞 Z600 在产品设计方面，具有如图 2-12 所示的亮点。

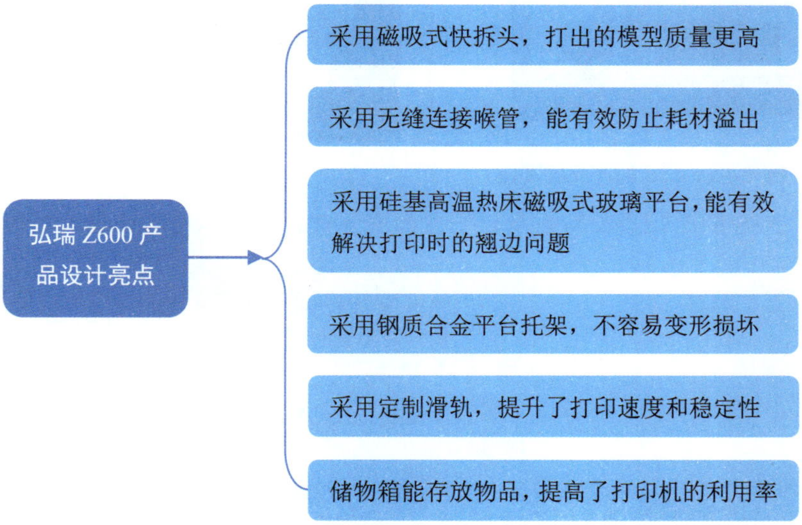

图 2-12　弘瑞 Z600 产品设计亮点

如图 2-13 所示为弘瑞 Z600 的产品附件。

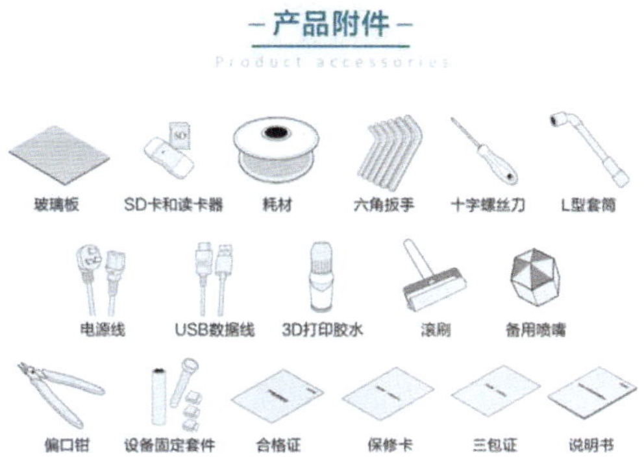

图 2-13　弘瑞 Z600 的产品附件

2.1.4 极光尔沃 A8S

极光尔沃 A8S 是极光尔沃旗下的一款商用级 3D 打印机，首创双电机传动送料结构，同时配备国外进口的配件。如图 2-14 所示为极光尔沃 A8S 的产品外观图。

从图 2-14 中可以看到，极光尔沃 A8S 深色的机身色调和金属的机身材质很好地体现了其商务风格。该 3D 打印机拥有非常强大的打印能力和打印精度。例如，在打印人体肌肉时，在放大打印模型的情况下，其纹理依然清晰可见，如图 2-15 所示。

图 2-14 极光尔沃 A8S 的产品外观图

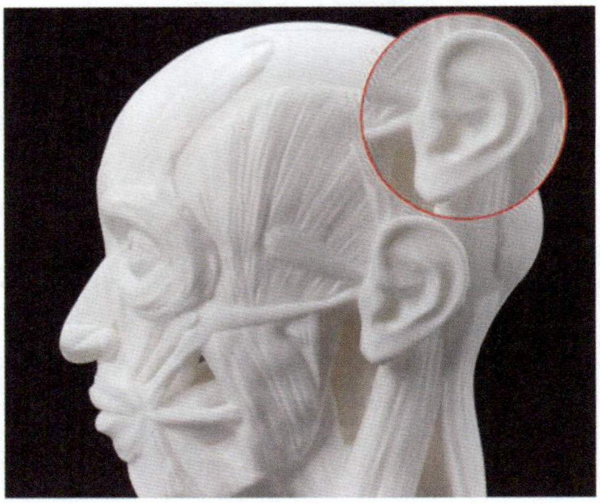

图 2-15 人体肌肉打印模型

极光尔沃 A8S 的产品设计特点从以下方面来保证打印的精度和质量，如图 2-16 所示。

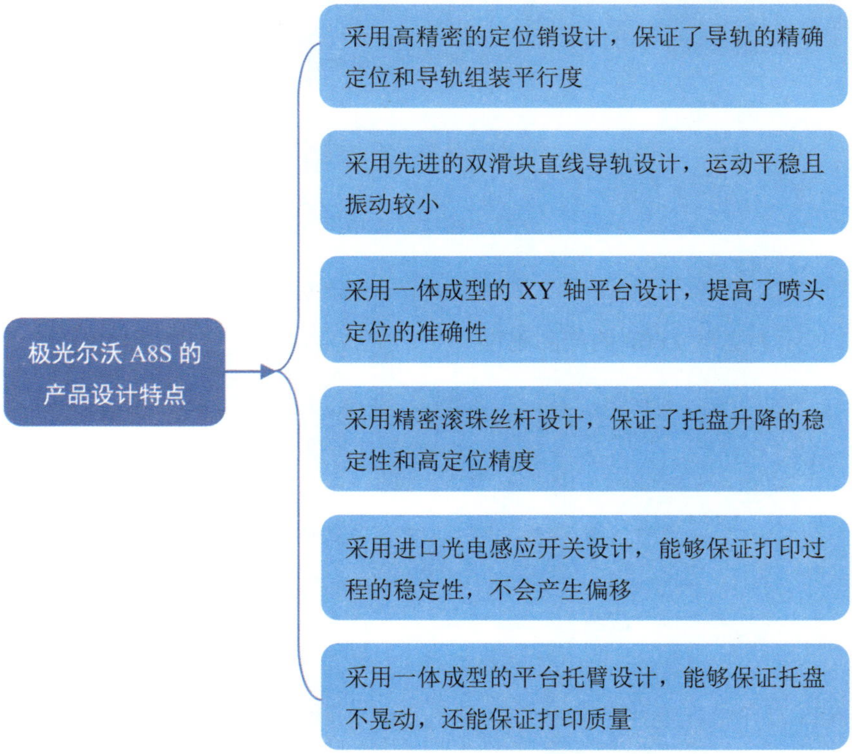

图 2-16 极光尔沃 A8S 的产品设计特点

极光尔沃 A8S 还采用高清触控界面设计，给用户带来更加人性化的 3D 打印体验，操作更加方便。同时，极光尔沃 A8S 的断电续打功能不仅可以将未完成的模型打完，还能换成颜色不同的耗材进行打印，达到理想的打印效果，从而完美地解决因突然断电而造成的问题。

极光尔沃 A8S 配套自主研发的 3D 打印切片软件——JGcreate，拥有诸多功能，并且操作简单便捷，打印的成品模型质量更佳。如图 2-17 所示为 JGcreate 切片软件和其他切片软件的使用效果对比。

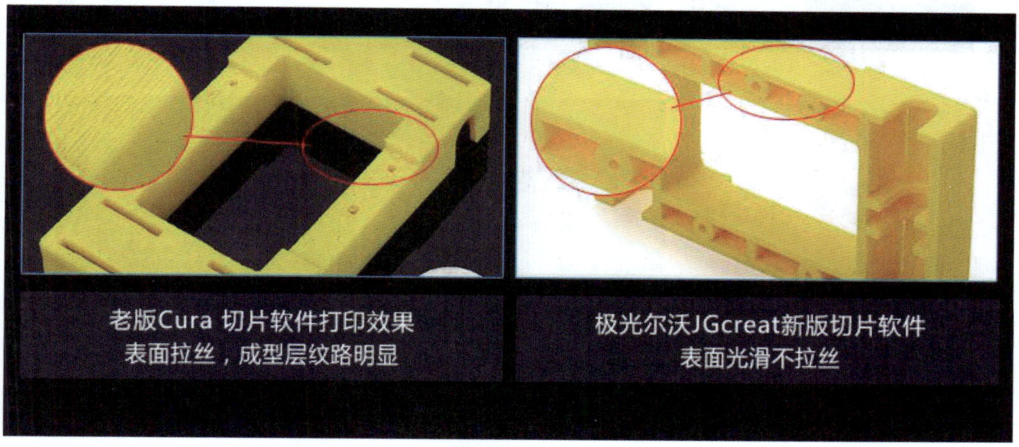

图 2-17 JGcreate 切片软件和其他切片软件的使用效果对比

极光尔沃 A8S 的产品参数如图 2-18 所示。

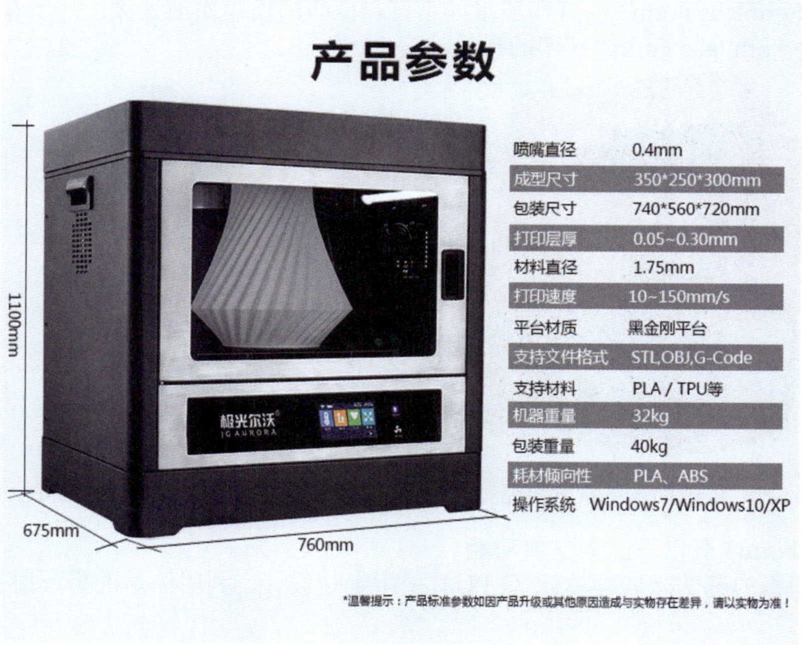

图 2-18　极光尔沃 A8S 的产品参数

极光尔沃 A8S 打印机在各行各业都有许多优秀的应用案例，如图 2-19 所示。

图 2-19　极光尔沃 A8S 优秀的应用案例

2.1.5　Formlabs Form3

Formlabs Form3 是美国公司 Formlabs 推出的一款桌面级 3D 打印机，能够保证打印的质量，并且支持扩大原型制作和生产规模，从而满足业务需求。如图 2-20 所示为 Formlabs Form3 的产品外观。Formlabs Form3 的打印质量非常好，打印的模型质地完美，几乎看不出打印层。图 2-21 所示为 Formlabs Form3 打印的样品。

图 2-20　Formlabs Form3 的产品外观

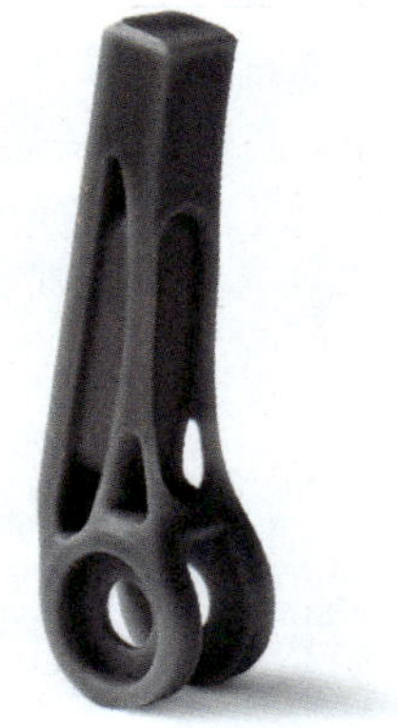

图 2-21　Formlabs Form3 打印的样品

Formlabs Form3 有以下三大主要功能。

（1）打印机内部的光处理单元（LPU）采用定制设计，利用简洁的折反射系统实现可重复的精确打印。

（2）能够不间断的打印，并持续监测打印性能，集成的传感器会针对打印机的状态发送提醒信号。

（3）能够紧随业务增长，可以根据需求的增长逐步扩大产能，还可以轻松拓展到新的应用领域。Formlabs Form3 操作简单，几乎不需要人工干预和维护，其工作流程主要分为三步，如图 2-22 所示。

图 2-22　Formlabs Form3 的工作流程界面

Formlabs 公司为用户提供了 30 天试用体验的服务，用户可以无风险试用 Formlabs Form3 打印机 30 天，如果不满意可以申请退货退款。该项服务目前仅适用于美国客户，如图 2-23 所示。

图 2-23　Formlabs Form3 打印机 30 天试用体验服务界面

Formlabs Form3 配备高分辨率的电容屏，其交互界面更符合中国用户的使用习惯。Formlabs Form3 还具有联网的功能，通过连接网络或 WiFi 就可以利用 APP 远程控制和检测打印机的工作状态。

2.1.6　Ekocycle Cube

Ekocycle Cube 是一款环保型 3D 打印机，由 3Dsystems 公司和可口可乐公司一起设计的。

Ekocycle Cube 之所以是一款环保型的 3D 打印机，是因为它能够把平时人们喝完的饮料瓶进行回收利用，以饮料瓶为打印原材料，平均每三个瓶子就可以打印出一个物品，比如手机壳等，如图 2-24 所示，该打印机非常有利于环境保护。

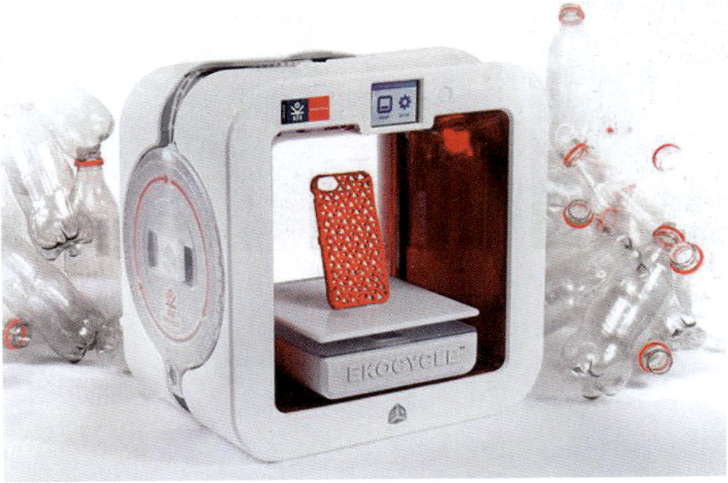

图 2-24　Ekocycle Cube 打印手机壳

2.1.7　Precise 800

Precise 800 是由两家企业联合制造的一款 PCB（Printed Circuit Board：印刷线路板）3D 打印机，如图 2-25 所示为制造电路板。

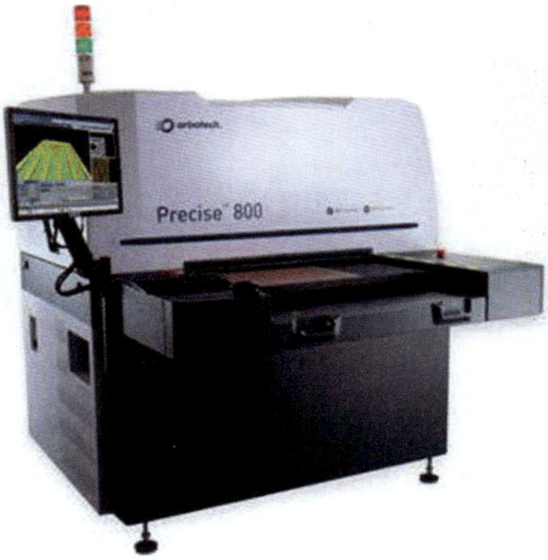

图 2-25　Precise 800 制造电路板

在电路板的制造过程中，Precise 800 3D 打印机能够清除过剩的铜，并且补充空缺的区域，从而达到节约成本的目的。另外，该 3D 打印机还拥有 3D 成形技术和闭环技术。

2.2　3D 打印耗材

3D 打印耗材是 3D 打印的消耗材料，也就是打印过程中使用的材料。如表 2-1 所示为 3D 打印材料分类表。常见的 3D 打印耗材有很多种，比如 PLA 和 ABS 等。

表 2-1　3D 打印材料分类表

3D 打印材料分类	3D 打印聚合物	工程塑料	ABS 材料
			PA 材料
			PC 材料
			PPSF 材料
			PEEK 材料
			EP 材料
			Endur 材料
		生物塑料	PLA 材料
			PETG 材料
			PCL 材料
		热固性塑料	
		光敏树脂	
		高分子凝胶	
	3D 打印金属材料	黑色金属	不锈钢材料
			高温合金材料
		有色金属	钛材料
			铝镁合金材料
			镓材料
			稀贵金属材料
	3D 打印陶瓷材料		
	3D 打印复合材料		

2.2.1　ABS 材料

ABS 材料属于工程塑料类的 3D 打印耗材之一，它具有不错的热熔性和冲击强度，也是熔融沉积 3D 打印的首选材料。如图 2-27 所示为 ABS 材料。

图 2-27　ABS 材料

在 ABS 材料的使用过程中，大多数是将 ABS 制成丝或粉末再使用，其应用范围非常广泛，几乎覆盖了所有的日常用品和工程用品。

2.2.2 PA 材料

PA 材料也是工程塑料类的 3D 打印耗材之一，它不仅强度高，还具有柔韧性，是制造设备零部件的主要材料。如图 2-28 所示为 PA 材料。

图 2-28 PA 材料

PA 材料还可以和其他材料混合，从而实现低温 3D 打印。同时，PA 材料能够替代传统的金属材料，有效解决汽车轻量化的问题。

2.2.3 PC 材料

与前两种材料相比，PC 材料的强度更加优秀，比 ABS 材料高 60%左右，所以被广泛应用于超强工程制品方面如。如图 2-29 所示为 PC 材料。

PC 材料同样也属于工程塑料类的 3D 打印耗材，它有三大应用领域，即玻璃装配、汽车领域和电子电器。PC 材料是制作门窗玻璃的主要材料，PC 层压板如图 2-30 所示。PC 材料被广泛应用在防护窗、飞机舱罩等方面。

图 2-29 PC 材料

图 2-30 PC 层压板

2.2.4　PPSF 材料

PPSF 材料拥有多种优点，如耐热性很好、强度非常高、抗腐蚀性强等，如图 2-31 所示。正是因为这些优点，使它成为替代金属和陶瓷的首选材料，被广泛应用在航天航空、汽车制造和医疗行业中。

图 2-31　PPSF 材料

2.2.5　PEEK 材料

PEEK 是一种有着诸多优点的材料，也是非常不错的人工骨替代材料，可以长期植入人体，所以通常用 3D 打印制造仿生人工骨。除此之外，PEEK 材料还可以加工成各种零部件，如汽车齿轮、飞机发动机等。

如图 2-32 所示为 PEEK 材料。如图 2-33 所示为 PEEK 材料制作的仿生人工骨。

图 2-32　PEEK 材料

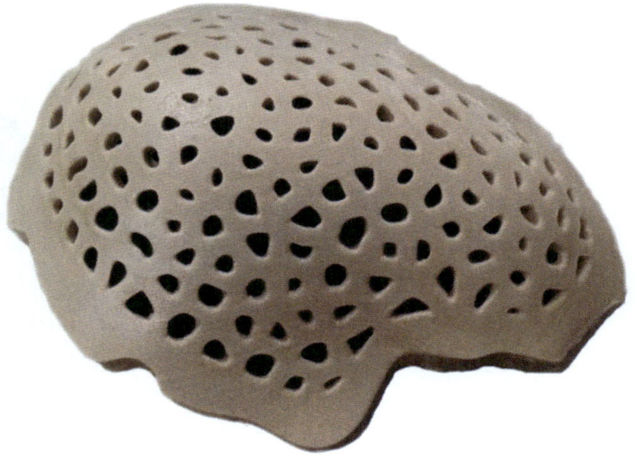

图 2-33　PEEK 材料制作的仿生人工骨

2.2.6 EP 材料

EP 材料是一种弹性塑料，也是一种新型的 3D 打印材料，其特点是比较柔软，具有弹性，如图 2-34 所示。

图 2-34 EP 材料

EP 材料能够很好地解决 3D 打印的穿戴物品和可变性类产品的脆弱性问题，因此被用于制作 3D 打印鞋和 3D 打印衣服等产品。

2.2.7 Endur 材料

Endur 材料是一种全新的 3D 打印材料，如图 2-35 所示，拥有强度高、柔韧性好和耐高温等特点，能够满足不同领域的需求。

用 Endur 材料打印出来的产品外观质量很好，而且尺寸稳定性也不错，不会轻易收缩，还能够打印运动部件和啮合部件等。

图 2-35 Endur 材料

2.2.8　生物塑料

PLA、PETG 和 PCL 这三种材料都属于生物塑料类的 3D 打印耗材，生物塑料拥有良好的可生物降解性。下面具体介绍这三种材料。

1. PLA 材料

PLA 是一种具有半透明色及光泽质感的材料，如图 2-36 所示。它也是一种环保型塑料，可生物降解为活性堆肥。

图 2-36　PLA 材料

2. PETG 材料

PETG 材料是一种透明塑料，如图 2-37 所示。它兼有 PLA 和 ABS 材料的优点，可以快速热成型或挤出吹塑成型，被广泛应用在板片材、瓶用及异型材等方面。

在用 PETG 材料进行 3D 打印时，由于其收缩率小、温度低，且拥有较好的疏水性，所以几乎没有气味，也不需要储存在密闭的空间里。

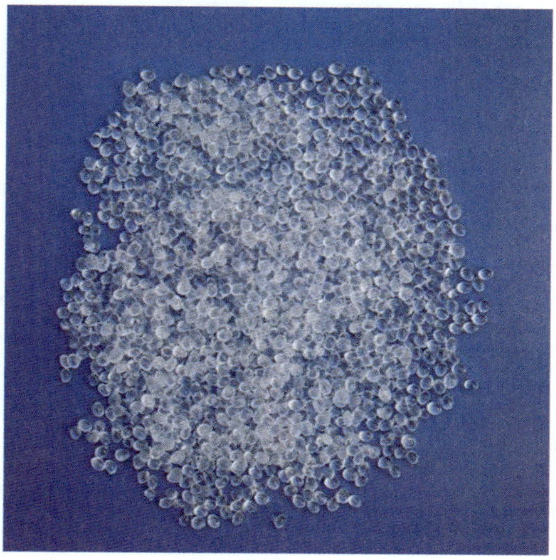

图 2-37　PETG 材料

3. PCL 材料

PCL 材料的熔点较低，只有 60° 左右，如图 2-38 所示。它通常被用于药品传输设备、缝合剂等特殊用途。

图 2-38　PCL 材料

由于 PCL 材料的熔点低，因此并不需要太高的打印温度，这有利于节能。另外，PCL 还具有形状记忆的特点，能够用来打印心脏支架等。

2.2.9　其他材料

下面介绍几种 3D 打印的其他材料。

1. 热固性塑料

热固性塑料又称热硬化塑料，它和热塑性塑料的区别在于交联程序，如图 2-39 所示。热固性塑料具有高强度、耐火的特点，很适合用于粉末激光烧结成型工艺中，还可以用于轻质建筑方面。

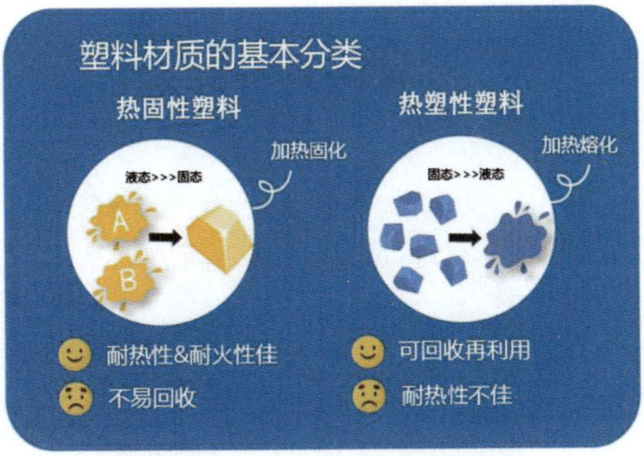

图 2-39　热固性塑料和热塑性塑料的区别

2. 光敏树脂

光敏树脂的特点是高强度、耐高温、防水，也正是因为这些优秀的特性，常被用于 3D

打印行业。如图 2-40 所示为用光敏树脂材料打印的模型。

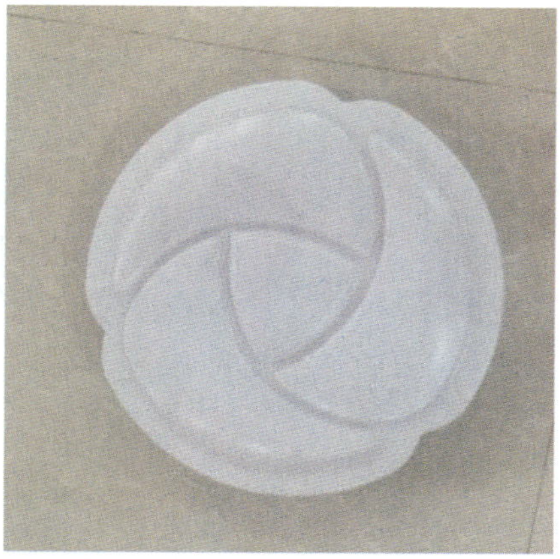

图 2-40　用光敏树脂材料打印的模型

光敏树脂还有液体流动性以及瞬间光固化的特点，这也让液化光敏树脂成为高精度制品打印的首选。光敏树脂打印出来的产品外观非常光滑，这点从图 2-40 的模型中就可以看出来，呈现出一种玉的感觉。

3. 高分子凝胶

高分子凝胶是一种三维交联网络的高分子材料，是通过一定温度、引发剂和交联剂进行聚合后而形成的网状高分子凝胶制品。

在 3D 打印中应用的高分子凝胶材料有纤维素、动植物胶等，可用作形状记忆材料，也可用作传感材料，还可以用作智能药物释放材料。

4. 金属材料

3D 打印金属材料可分为黑色金属和有色金属两种。其中，黑色金属用于 3D 打印的材料有不锈钢和高温合金两种，两者各自的特点如图 2-41 所示。

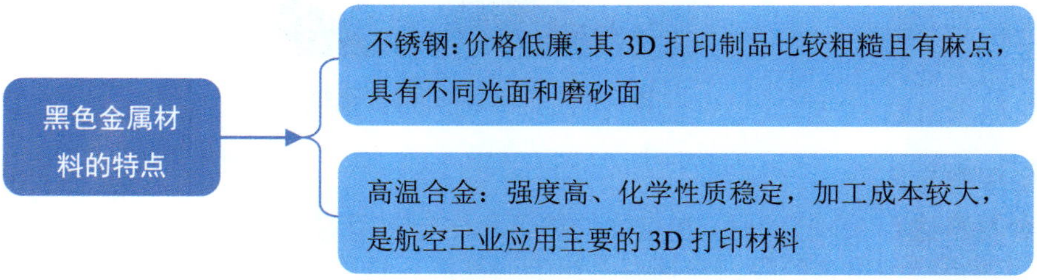

图 2-41　黑色金属材料的特点

有色金属作为 3D 打印材料的有钛、铝镁合金、镓和稀贵金属四种。这四种材料的主要特点如下。

（1）钛。用钛进行 3D 打印制造的零部件，强度和精确度都很高，在汽车、航天航空等领域的应用前景都非常广阔。

（2）铝镁合金。铝镁合金不仅质量轻，而且强度高，因此被广泛用于制造业的轻量化中。同时，它也成为 3D 打印理想的备选材料。

（3）镓。镓是一种具有金属导电性的材料，它既没有毒性，也不会蒸发，其黏度和水很类似，可用于柔性和伸缩性电子产品的制造。如图 2-42 所示为镓金属材料。

图 2-42　镓金属材料

（4）稀贵金属。稀贵金属在 3D 打印中常用的材料有金、纯银和黄铜等，在珠宝设计行业，已经逐渐利用 3D 打印技术来代替传统的工艺制造方式。

5. 陶瓷材料

陶瓷材料通常用来 3D 打印陶瓷产品，如硅酸铝陶瓷粉末。其打印的陶瓷产品具有不漏水、耐高温等优点，可以应用于厨具、瓷砖和花瓶等家居用品的制作。如图 2-43 所示为 3D 打印的陶瓷花瓶。

图 2-43　3D 打印的陶瓷花瓶

6. 复合材料

用复合材料进行 3D 打印时，和以前的挤出和注塑定型的方法相比，其能够严格控制综合性能，从而使得打印出来的零部件拥有不错的耐高温、抗化学的能力。

2.3　3D 打印设备和材料的选择

2.3.1　3D 打印机的选择

关于如何选择适合的 3D 打印机，每个人的看法不一样，没有固定的标准，需要根据自己的实际需求来选择。如图 2-44 所示为某平台热门 3D 打印机排行榜，如图 2-45 所示为 3D 打印机品牌排行榜。可以根据热门程度和品牌喜好来选择 3D 打印机，也可以根据预算和个性化需求来进行选购。

图 2-44　某平台热门 3D 打印机排行榜

图 2-45　3D 打印机品牌排行榜

2.3.2　3D 打印材料选择

关于 3D 打印材料的选择，从以下四个方面来进行判断。

（1）肉眼观察：看是否有色差、气泡、黑色或其他颜色斑点。

（2）听其声音：在打印的过程中，如果耗材不均匀，会发出“吭吭”的声音。

（3）仪器测试：用手或用游标卡尺测试材料粗细和表面光滑程度。

（4）打印图案：观察测试图案线条的均匀度，以测试材料流动性和黏性。

本章小结

本章主要介绍了 3D 打印机、3D 打印耗材和 3D 打印设备和材料的选择等。通过本章的学习，读者应了解常用的 3D 打印机和 3D 打印材料；掌握 3D 打印设备和材料的选择方法。

本章习题

1．3D 打印的工程塑料类材料有哪些？

2．在选择 3D 打印材料时有哪些方法？

第 3 章　3D 打印的技术产品

本章导读

进行 3D 打印时，除了准备必要的设备和材料之外，还要掌握 3D 打印的软件技术和工艺方法，这样才能够将完整的 3D 模型制品打印出来。本章主要介绍 3D 打印的软件技术和具有创意的 3D 打印产品。

本章重点

- 3D 打印的软件技术
- 3D 打印的产品介绍

3.1　3D 打印的软件技术

想要学习 3D 打印，不仅要了解 3D 打印的硬件设备，也要了解 3D 打印的软件技术。因为 3D 打印软件技术才是保证 3D 打印从平面到立体的根本所在。

3.1.1　Make It Stand

利用 3D 打印技术制作模型，首先要考虑它们是否站得住，简单的物体还行，一旦遇到复杂的模型，中心很难把握，失败了就要整体修改了。

对于这个技术性难题，Make It Stand 可以完美解决。通常，打印一个模型都要镂空模型的内部。一方面可以节省材料，另一方面可以提升打印的速度。镂空技术大部分 3D 软件都可以做到，但是 Make It Stand 可以提供一些另外的功能，可以选择镂空的量和实心的量，这样保持物品的平衡就很容易了。如果修改内部立体像素还不足以维持平衡的话，软件还会对模型的外部形状稍作修改来保持平衡。具体操作方法如下。

首先，要载入一个 3D 文件，标上方向和接触面。模型的接触面可以是底部的平面，或者是顶部悬挂口。其次，做出一个基本的重力框架，用于计算模型质量。最后，软件把模型转换为立体栅格，软件会调整内部镂空的立体像素，让模型符合重力结构。

▶ 专家指点

除了进行镂空以外，Make It Stand 还可以通过调整关节角度对模型姿势进行修改，以达到平衡。

3.1.2　微型芯片

在施乐公司的帕洛阿尔托研究中心，有四个被称为微型芯片的电子电路按照指令精准地排列出一个电路图案。并且每个都刚好位于正确的接触点，就好像是人为操控表演了一支舞蹈一样。

这支“舞蹈”，其实是借鉴了施乐公司在 20 世纪 70 年代发明的激光打印机的一项技术，同时它也是众多和 3D 打印相关的技术之一。

常见的芯片是分别封装，然后再在印刷电路板上重新组合的，微型芯片则不同。研究者设计出了一个类似激光打印机的机器，能精确地将几万乃至几十万个微型芯片放在一个平面的正确位置上，每个微型芯片的大小不超过一粒沙子的大小。

这项技术如果成熟，就可以为各种电子设备打印电路。并且，在帕洛阿尔托研究人员的设想里，这种新型制造系统可被用来制造定制的计算机，每次仅制造一台，也可以被用作 3D 打印系统的一部分，用来制造直接内置计算机系统的智能设备。

▶ 专家指点

该技术能够代替工厂组装的电路板，从而减少了供应链的人工成本。

3.1.3　Augment

随着电子产品计算性能的提高，扩增实境的发展前景将会越发宽广。3D 打印虽然强大，但是其成本也比较昂贵，而且设计的模型和打印出来的实物也有些差距，因此 Augment 这款软件就应运而生。

通过该软件的显示增强技术，可以在手机或平板上查看最终效果。Augment 支持苹果和安卓设备端，只需要添加 3D 文件就可以自动生成 3D 模型，并且可以进行 360 度全方位观察。

3.1.4 BumpyPhoto

只要提供一张普通的照片，就能将其变成 3D 浮雕版，这不是什么魔术戏法，而是 BumpyPhoto 公司最近推出了一项新技术。利用 3D 打印技术，可将 2D 照片制作成 3D 全色浮雕，如图 3-1 所示。

图 3-1 BumpyPhoto 制作的 3D 全色浮雕

用户可以把自己的照片上传到 BumpyPhoto 官网，然后就会自动生成 3D 深度图。需要注意的是，如果图片中含有多个人物或物体，则所需时间会长一些，其成本也较高。此外，图片的分辨率越高，制作出来的效果也就更好。

在进行 3D 打印时，用的材料是硬树脂复合材料。图片的内容会在一定程度上影响 3D 浮雕效果，如果是大头照和宠物照等这类图片，其效果就会好些，而如果是戴眼镜的图片，效果一般都不是很好。

3.1.5 光固化成型技术

光固化成型的全称是立体光固化成型装置。首先，将特定波长和强度的激光聚集在光固化材料的表面，使其按顺序进行凝固，从而完成一个层面的绘图作业。其次，垂直移动一个层片的高度，按照同样的方法再固化另一个层面。最后，层层叠加组成三维实体。如图 3-2 所示为光固化成型模型。

光固化成型技术和其他快速成型工艺相比，具有很多优点。例如，自动化程度和尺寸精度高、原型质量好等，因此被广泛应用。

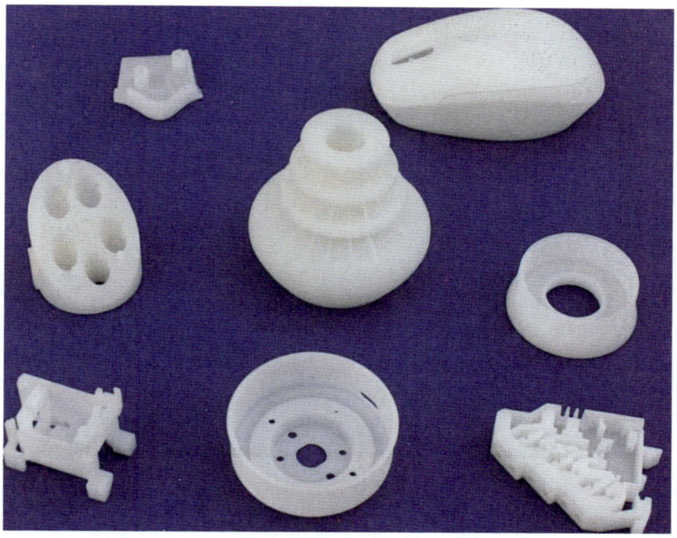

图 3-2　光固化成型模型

光固化成型技术缺点，如图 3-3 所示。

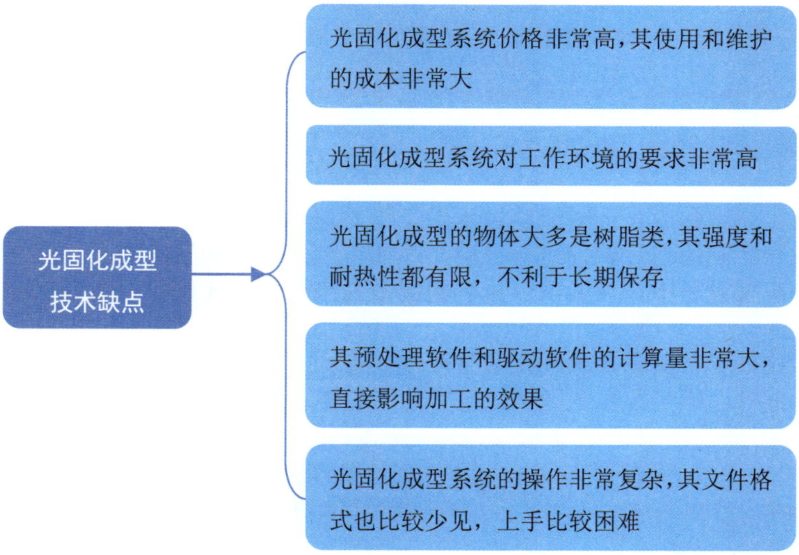

图 3-3　光固化成型技术缺点

▶ 专家指点

光固化成型广泛应用于航空航天、工业制造、生物医学、大众消费和艺术等领域的精密复杂结构零件的快速制作，精度可达 0.05 毫米。

3.1.6　激光选区烧结技术

激光选区烧结是一种通过二氧化碳激光器对粉末材料进行选择性烧结的技术，也是一种由离散点堆积成三维实体的方法。如图 3-4 所示为激光选区烧结模型。

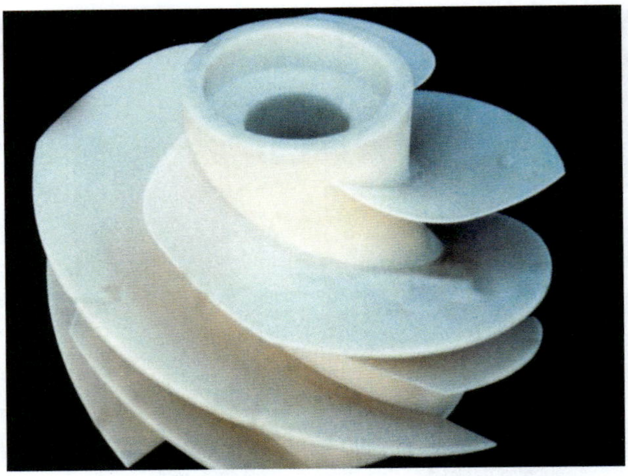

图 3-4　激光选区烧结模型

激光选区烧结技术因为采用不同的金属粉末进行烧结，所以经过渗铜处理后的产品可以用来直接制造金属等物体，这种技术比较适合中小件模型。

▶ 专家指点

激光选区烧结技术的工艺特点在于成形材料广泛，包括高分子、金属、陶瓷、砂等多种粉末材料；应用范围广，涉及航空航天、汽车、生物医疗等领域；材料利用率高，粉末可以重复使用。

3.1.7　激光选区熔化技术

激光选区熔化技术和激光选区烧结技术的工作原理相似，其工作过程是：首先，进行三维实体模型的设计。利用切片软件进行分层，从而得到各截面的轮廓数据。其次，再把这些数据导入到快速成型设备中，设备就会根据轮廓数据来控制激光熔化金属粉末材料。最后，叠成三维金属零件。

激光选区熔化技术在复杂曲面和批量生产零件方面有着巨大的优势，可以直接制造出航空零件和注塑模具等。但是激光选区熔化技术的研究还存在不少的困难，如图 3-5 所示。

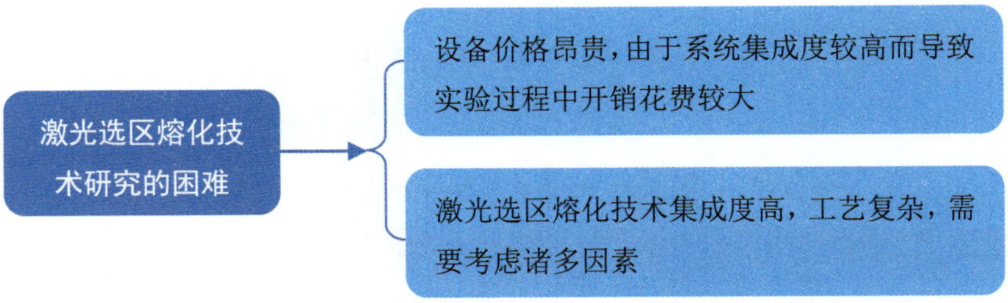

图 3-5　激光选区熔化技术研究的困难

▶ 专家指点

相比较激光选区烧结工艺，激光选区熔化技术最大的优势，是能够直接制造高性能金属零件，甚至是模具。在难加工复杂结构和材料、复杂模具、个性化医学零件、航空航天和汽车等领域，异形零部件的制造方面具有突出的技术优势。

3.1.8　熔融沉积造型技术

熔融沉积造型快速原型是一种不用靠激光就能将丝材进行加热熔化的技术，它是利用熔融丝料的逐层固化来构建三维产品。如图 3-6 所示为熔融沉积造型模型。

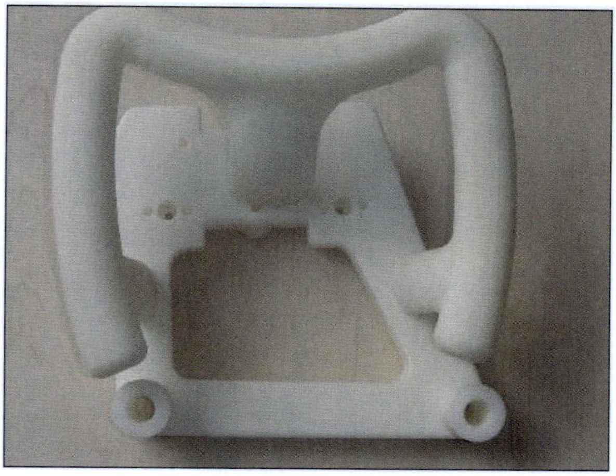

图 3-6　熔融沉积造型模型

熔融沉积造型技术的工作流程如图 3-7 所示。

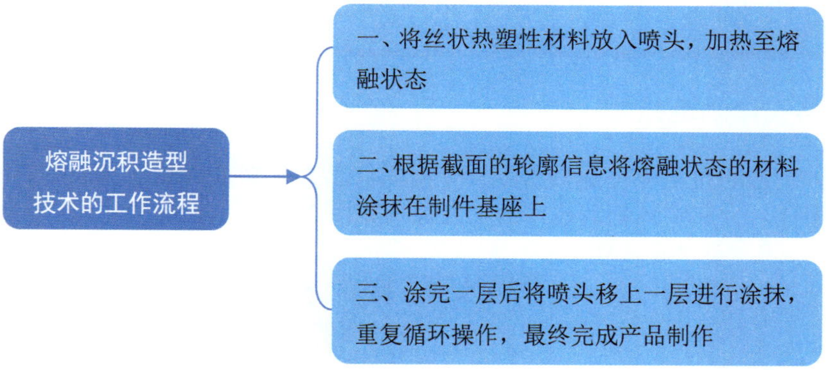

图 3-7　熔融沉积造型技术的工作流程

▶ 专家指点

熔融沉积造型技术制作的零件强度较高，其应用范围非常广泛，涉及汽车、工艺品、仿古、建筑、医学、动漫和教学等领域，精度约为 0.2 毫米。

3.1.9　激光近净成型技术

激光近净成型又称为直接激光制造，该技术利用激光等高能束流熔化金属材料，在基体上形成熔池的同时将沉积材料（粉末或丝材）送入，随着熔池移动实现材料在基体上的沉积，其工艺过程如下。

（1）生成零件的三维 CAD 模型。

（2）将模型进行切片分层。

（3）根据填充路径，通过激光辐射形成熔池，并将金属粉末一起送入熔池进行逐点激光熔覆，直到填满二维形状。重复操作此步骤即可完成产品的制作。

如图 3-8 所示为激光近净成型制作的金属零部件。

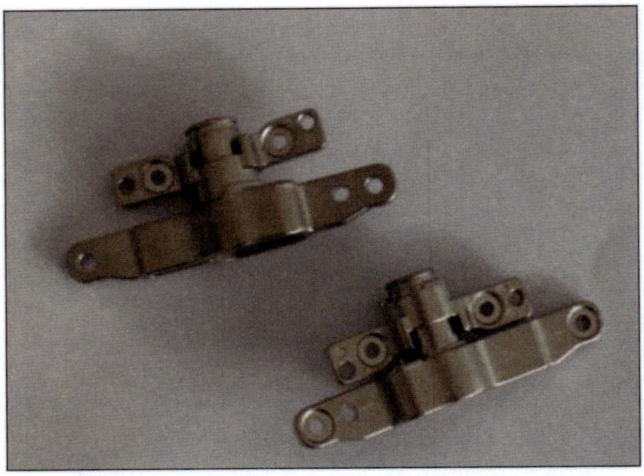

图 3-8　激光近净成型制作的金属零部件

> ▶ 专家指点
>
> 激光近净成型技术可以利用金属零件的 CAD 模型，直接制作出全致密的金属零件，相比较传统切屑方法，材料利用率大幅度提高，生产周期大大缩短，且具有优异的综合力学性能。

3.1.10　分层实体制造技术

分层实体制造的技术原理是按照零件分层的信息来分割箔材及纸等，然后把得到的层片粘接成三维实体。分层实体制造技术的工艺过程如图 3-9 所示。

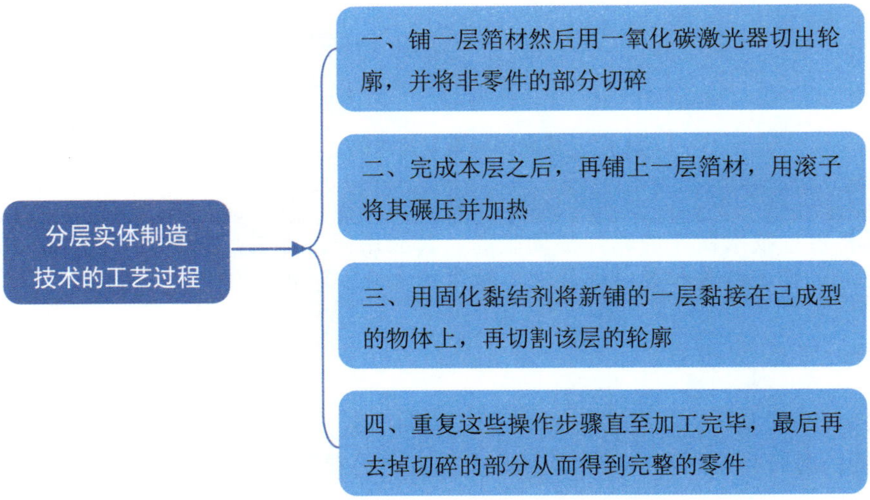

图 3-9　分层实体制造技术的工艺过程

如图 3-10 所示为分层实体制造技术的工艺原理图。

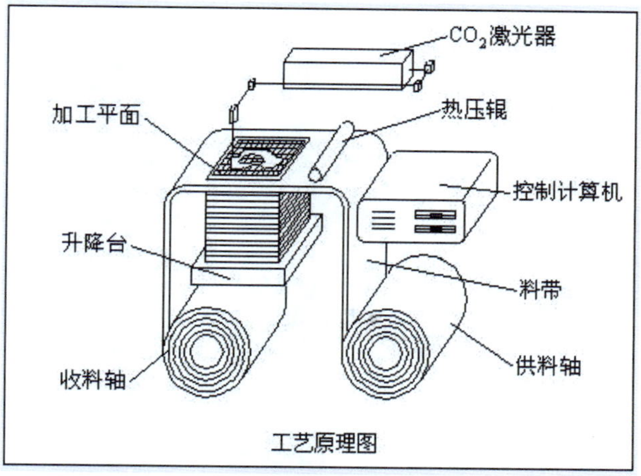

图 3-10　分层实体制造技术工艺原理图

分层实体制造技术的优缺点如图 3-11 所示。

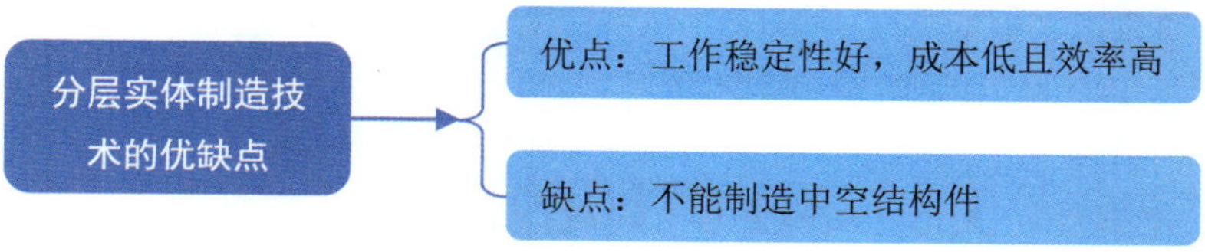

图 3-11　分层实体制造技术的优缺点

3.1.11　立体喷印技术

立体喷印的技术工艺和激光选区烧结技术非常类似，都是采用粉末材料成型，但不同的是，立体喷印是通过喷头用黏结剂把零件截面印刷在材料粉末上面。而且，用黏结剂黏接的零件强度比较低，需要经过后期处理。如图 3-12 所示为立体喷印示意图。

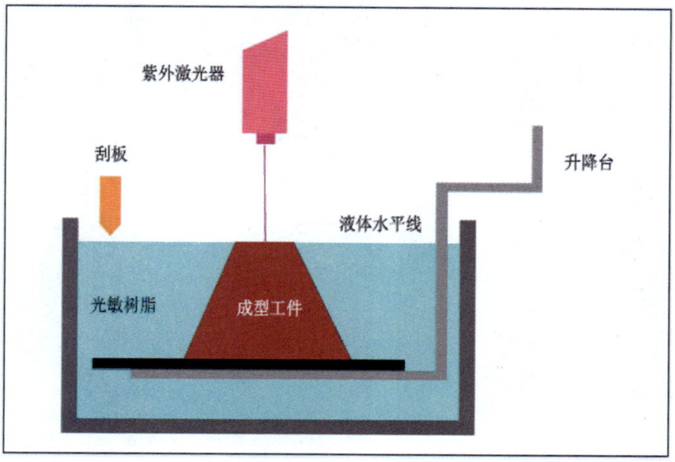

图 3-12　立体喷印示意图

如图 3-13 所示为立体喷印技术的工艺过程。

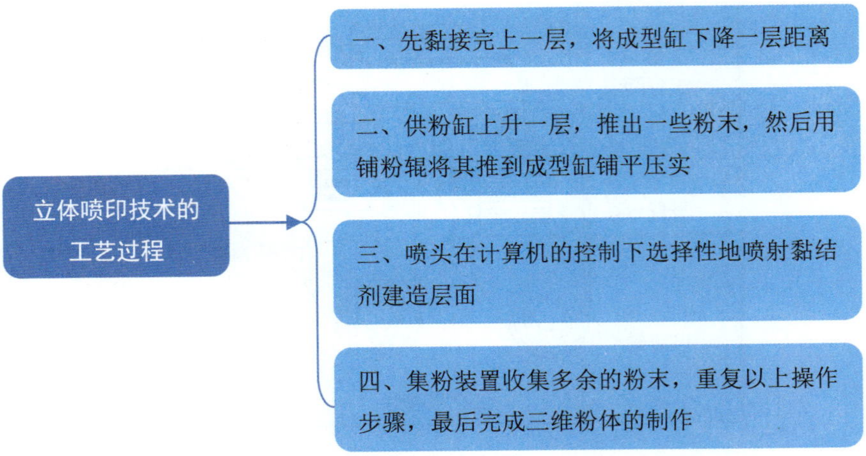

图 3-13　立体喷印技术的工艺过程

▶ 专家指点

没有被喷射黏结剂的地方是干粉，能起到支撑的作用，在过程结束后也容易去掉。

3.2　3D 打印的产品介绍

本节主要介绍具有创意的 3D 打印产品。

3.2.1　3D 打印水龙头

最近，某品牌推出了三款非常具有创意的 3D 打印水龙头，有格子、剪纸和层状金属条三种形状，如图 3-14 所示。

格子

剪纸

层状金属条

图 3-14　格子、剪纸和层状金属条形状的 3D 打印水龙头

它们是利用激光选区烧结技术，采用金属粉末烧结 24 小时左右成形，然后再通过手工打磨和抛光制成的。

层状金属条形状的水龙头流水时仿佛涓涓溪流，而另外两款水龙头则将水路隐藏起来，流水时看不到水从下面上来，只能看到它从出口流出，就像魔术一样神奇。

3.2.2　3D 打印蕾丝灯

这款 3D 打印蕾丝灯是由法国巴黎艺术家设计的，是室内设计和 3D 打印技术的结合，如图 3-15 所示。这款 3D 打印蕾丝灯显得非常优雅，精致耐看。当打开灯的时候，蕾丝灯罩会在墙上投射出漂亮的纹路，使整个房间变得十分唯美浪漫，如图 3-16 所示。

图 3-15　3D 打印蕾丝灯

图 3-16　3D 打印蕾丝灯在墙上投射的纹路

3D 打印蕾丝灯有台灯和吊灯两种款式，内置 LED 灯，投射角度大，光色偏冷。

3.2.3 3D 打印小提琴

这是一把由某设计工作室和音乐家合作，利用 3D 打印技术共同打造的小提琴，它看上去有点不像小提琴，整体充满未来科技感，如图 3-17 所示。

这款 3D 打印小提琴的设计符合人体工学，不仅看上去非常炫酷，而且用起来也十分顺手。设计者将建筑美学的灵感融入乐器中，让许多人都眼前一亮。

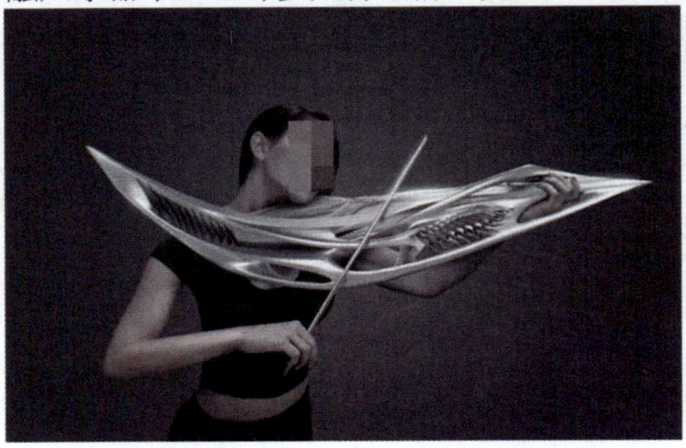

图 3-17 3D 打印小提琴

3.2.4 3D 打印花瓶

下面要介绍的这款 3D 打印花瓶和一般的 3D 打印花瓶不一样，它是一款隐藏人脸肖像的 3D 打印花瓶，名为“Fahz”，如图 3-18 所示。

图 3-18 “Fahz”3D 打印花瓶

设计者利用 3D 打印技术的精准性，将人脸的轮廓完美地融入花瓶侧边的曲线中，只要放在干净简洁的背景前，就可以很容易看出来。

这别具匠心的花瓶设计过程如下。

（1）将高分辨率的脸部轮廓照片通过矢量软件转化成矢量几何图形。

（2）以该形状作为花瓶的轮廓设计，并生成 3D 模型。

（3）把模型文件发送到 3D 打印机，接着用 PLA 材料将花瓶打印出来。

3.2.5　3D 打印名片

随着 3D 打印技术的发展，其应用范围越来越广泛，从打印装饰品、服饰到建筑等，几乎无所不能。例如，某工作室就利用 3D 打印技术制作出了别具一格的立体创意名片，十分酷炫，如图 3-19 所示。

图 3-19　3D 打印名片

3.2.6　3D 打印家居模型

对于喜欢收藏经典家具的用户来说，看到喜欢的家具但无奈家中的摆放空间不够而苦恼。3D 打印技术便能够很好地解决了这个问题。3D 打印家具模型不仅可以展示时尚的品位，还能够满足收藏家具的爱好。如图 3-20 所示为 3D 打印家具模型。

图 3-20　3D 打印家具模型

3.2.7　3D 打印"叶子"

这款产品是一个 3D 打印的"叶子"，不过它并非真正的叶子，而是一个形状像叶子的 3D 打印物品，如图 3-21 所示。这款 3D 打印产品能够吸收空气中的水分，然后将水分聚集在扇面中，最后流到矿泉水瓶子里。有了它，在干旱的地区就可以从清晨的空气中收集水分。此外，它还可以作为加湿器，简直是一个化干燥为湿润的神器。

图 3-21　3D 打印“叶子”

3.2.8　3D 打印陶瓷

近年来，海洋污染越来越严重，某企业利用 3D 打印技术制造了一种 3D 打印陶瓷，如图 3-22 所示，这种陶瓷可以吸收塑料微粒。该 3D 打印陶瓷上面的小孔能过滤海水，从而把海水中的塑料微粒分离出来。另外，它表面那些粗壮的分叉结构能够为海洋生物提供栖身之所。

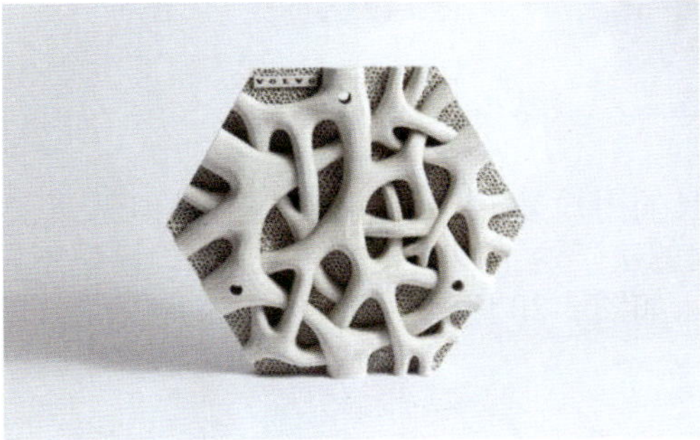

图 3-22　3D 打印陶瓷

3.2.9　3D 打印塑料家具

荷兰某设计工作室通过 3D 打印技术，以塑料袋为打印材料，制造出了 3D 打印塑料家具，如图 3-23 所示。这个塑料家具是一把椅子，质量约 50 千克。制造这种 3D 打印塑料椅子不仅可以获得家具，还能够减少塑料垃圾，保护环境。

图 3-23　3D 打印塑料家具

3.2.10　3D 打印公益椅

某钢琴大师和某设计团队利用 3D 打印技术共同设计了一组 3D 打印公益椅，如图 3-24 所示。这组椅子有黑白两种颜色，就好像钢琴的黑白键一样。它的外观看上去像绸缎一样顺滑流畅，这种设计的灵感正是来源于音乐，带给人无限想象。

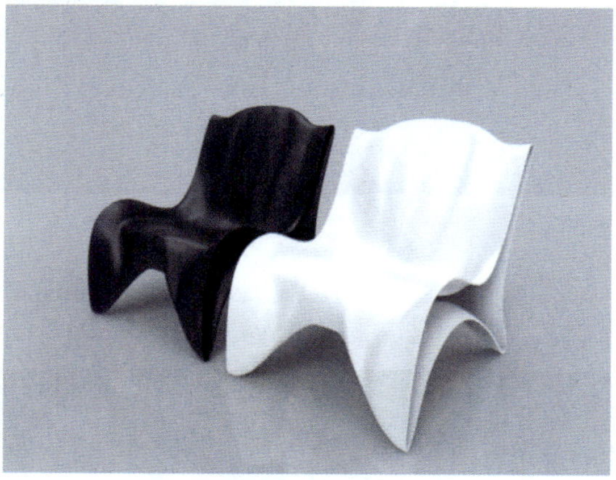

图 3-24　3D 打印公益椅

3.2.11　3D 打印金牛摆件

2021 年是牛年，在新春佳节之际，手办摆件爱好者就利用 3D 打印技术，制作了一款个性化的 3D 打印金牛摆件，如图 3-25 所示。

3D 打印金牛摆件制作流程为：首先，网上搜索并下载相应的 3D 打印模型文件；其次，把文件发给 3D 打印云制造服务商打印；最后，打印完成邮寄给用户。

图 3-25　3D 打印金牛摆件

3.2.12　3D 打印珊瑚灯

这是一款非常有个性的 3D 打印灯具产品，3D 打印珊瑚灯，如图 3-26 所示。

图 3-26　3D 打印珊瑚灯

该 3D 打印灯具的外观采用珊瑚形状，并且它还能模拟珊瑚的生长进行形态的变化，如图 3-27 所示，仿佛一只会发光的珊瑚，非常具有美感。

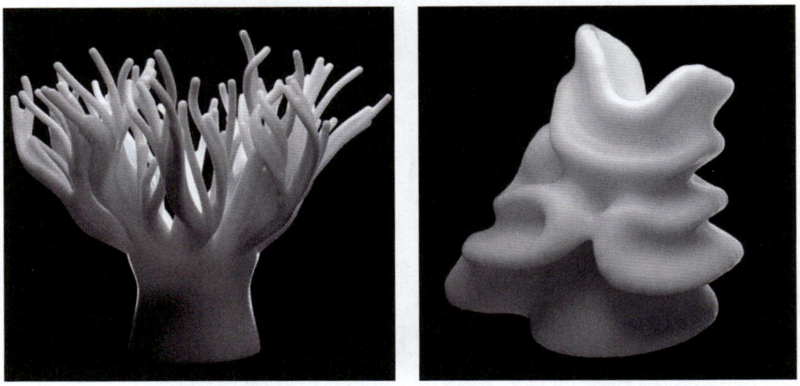

图 3-27　3D 打印珊瑚灯的生长形态变化

本章小结

本章主要介绍了 3D 打印的软件技术和 3D 打印产品。通过本章的学习，读者应了解常用的 3D 打印的软件技术，光固化成型技术、激光选区烧结和熔化技术等；掌握 3D 打印产品，如 3D 打印水龙头、3D 打印蕾丝灯和 3D 打印小提琴等。

本章习题

1．激光选区熔化技术目前遇到的困难是什么？
2．分层实体制造技术的优点和缺点分别是什么？

第 4 章　3D 打印在食品行业中的应用

本章导读

3D 打印制作的食品和传统的制作方法相比，速度更快，而且和正常食物别无二致。本章主要介绍 3D 打印食品产业相关的知识，3D 食品打印机，美味可口的 3D 打印食品和食品餐具。

本章重点

- 3D 打印食品
- 认识 3D 食物打印机
- 3D 打印食品介绍
- 3D 打印的食品餐具

4.1 3D 打印食品的基本知识

如今，3D 食物打印能够满足人们不少个性需求，可以根据不同的年龄段制订个性化的营养配方，将成为懒人和特殊人群的果腹之道。

4.1.1 首个面世的 3D 打印食物

首个面世的 3D 打印食物，是 3D 打印披萨，如图 4-1 所示。3D 打印披萨是由营养粉、水和油做成的。选择 3D 打印披萨的原因是：比较容易打印，营养粉的保质期非常长。

图 4-1 3D 打印的披萨

4.1.2 3D 食物打印机的作用

西班牙某公司开发了一款 3D 食物打印机，这台打印机的名字叫 Foodini，如图 4-2 所示，它能够打印各种松软的食物。

该食物打印机可以帮助人们节省制作食物的时间，并简化其制作的过程。它拥有六个喷嘴，使用者能够自行设计食物的形状和体积等，可以打印饼干、披萨等食物。

有了这台打印机，吃货们就再也不用为吃发愁了。想吃什么东西，只要购买原料，就可以根据需要设定不同的模式，打印出想要的美食。

图 4-2 3D 食物打印机 Foodini

4.1.3　用 3D 打印机为宇航员做饭

美国的宇航员觉得太空食品不好吃，因此想到用 3D 打印机来制作食品，以便改善饮食条件。随着科技的发展和对宇航员饮食的重视，宇航员的食物种类与口味变得多样化。例如，航天飞机“发现号”，带上去的食品不但有新鲜的面包、水果、罐头凤梨丁和巧克力；还有装在太空食品盒的，如青豆香茹和肉丸等；也有如普通快餐店的番茄酱和烤肉酱等调味品。

携带如此多的食物也有缺点，因为在飞船中，量与空间是十分宝贵的，这也就限制了携带食物的量。近期，美国国家航空航天局（NASA）着手解决宇航员的饮食问题。最终方案是：用 3D 打印机为宇航员做饭，并且已经投入资金进行研究。如图 4-3 所示为用 3D 打印机为宇航员制作出来的甜点。

图 4-3　3D 打印机为宇航员制作出来的甜点

3D 打印机可以根据“数字菜谱”做出各种美味可口的食物，还可以针对每位宇航员不同的需求来定制。

> ▶ 专家指点
>
> 常见的太空食品主要有普通罐装食品、低水分食物、脱水食物、原状食物和饮料五类，而太空食物大多被做成能一口吃下的体积大小，以便宇航员食用。

4.1.4　3D 打印和分子美食

分子美食是将可食用的化学物质（如葡萄糖）重新组合起来，从而改变食物的分子结构，制作出一种新的食物。例如，将固体食物变成液体或者气体食物。如图 4-4 所示为分子美食。

图 4-4　分子美食

4.2　3D 食物打印机

3D 食物打印机是专门用来打印食物的，打印的原材料是食材和配料，只要输入食谱就可以将食物打印出来。本节主要介绍 3D 食物打印机的工作原理和应用。

4.2.1　3D 食物打印机的工作原理

3D 食物打印机采用电子蓝图系统，使用者只需要画出食物的设计图，并放入原材料，电子蓝图系统就会自动完成食物的打印过程。打印的操作不仅非常简单方便，而且还有利于制作出各种不同的食物。

3D 食物打印机在简化食物制作过程的同时，还能制作出许多营养健康而又有趣的食物，广泛应用在家庭、餐馆等各种场所。

4.2.2　3D 食物打印机的应用

如今 3D 食物打印机在不少餐厅都有应用，厨师可以利用 3D 食物打印机来开发新的菜品，设计个性美食，如图 4-5 所示。3D 食物打印机能够缩减菜品制作的环节，从而减少了其制作过程中的影响因素，还可以充分发挥创造力，满足顾客的个性需求。

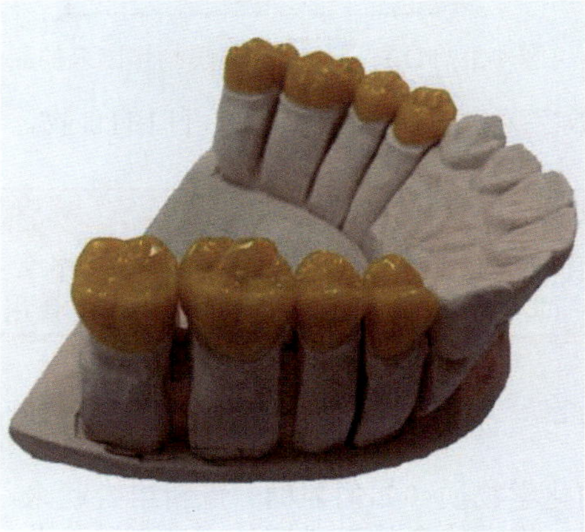

图 4-5　3D 打印个性美食

4.3　常见 3D 打印的食品

3D 打印食品是未来食物的发展趋势，本节主要介绍一些美味的 3D 打印小吃。

4.3.1　3D 打印软糖

糖果一直以来是小朋友们的最爱，也是每个人美好的童年回忆。而随着 3D 打印技术的发展，可以定制糖果的 3D 打印机也随之诞生。

“The Magic Candy Factory” 3D 打印机是由德国某知名糖果制造商和另外一家有机糖果

品牌共同研发的世界上首款软糖 3D 打印机，它的中文名字为“魔法糖果工厂”。这款 3D 食品打印机可以打印各种美味的软糖，如图 4-6 所示。

从图 4-6 中可以看到，其打印出来的软糖与我们平时所见的糖果看上去别无二致。由于面向的适用人群大多数是儿童和家长，因此它的操作设置比较简单方便。用户只需要按下打印的按钮，就可以轻松打印出自己定制的软糖，整个过程只需要 5 分钟左右。

“魔法糖果工厂”打印出来的软糖几乎没有任何过敏源，主要由果胶和糖等成分组成，用户可以随机选择软糖的形状、颜色和味道。另外，该 3D 打印机还有制作软糖贺卡的功能，能够打印出自己的名字和自定义文字。

图 4-6　3D 打印软糖

4.3.2　3D 打印饼干

3D 食品打印机不仅可以打印软糖，还可以打印饼干，这样就不需要再跑去超市买了。如图 4-7 所示为 3D 打印饼干。

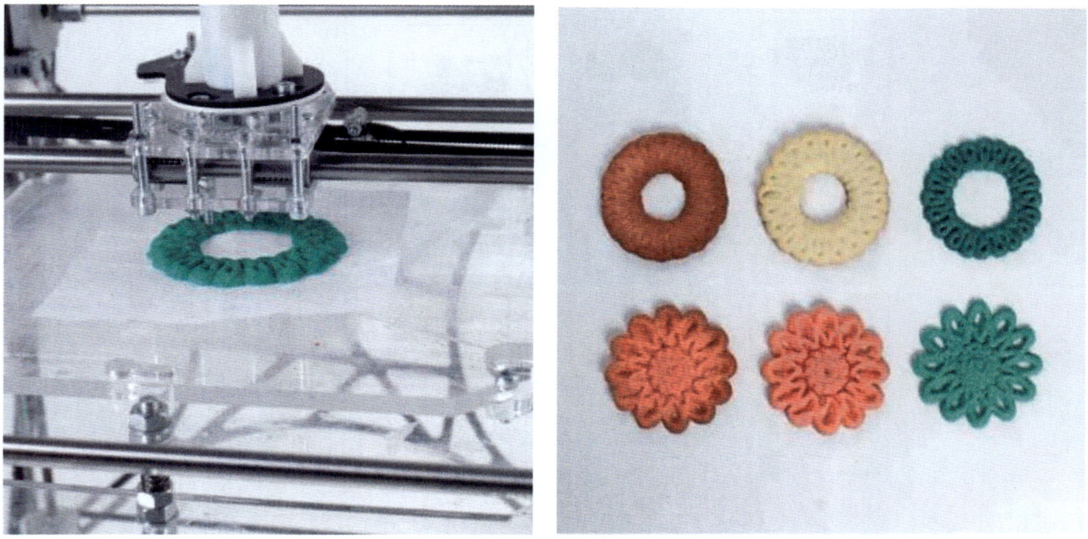

图 4-7　3D 打印饼干

4.3.3 3D 打印巧克力

巧克力是一种非常受人们喜爱和欢迎的食物，而 3D 打印技术把巧克力的制作工艺提升到了新的高度，为餐饮行业生产出许多富有创意的巧克力。例如，2020 年 2 月，某巧克力生产商推出全球首款可量产的个性化 3D 打印巧克力，如图 4-8 所示。

图 4-8　全球首款可量产的 3D 打印巧克力

和传统的生产工艺相比，3D 打印技术制作巧克力所需的时间和预算成本更少。可以根据自己的喜好来定制个性化巧克力，设计原型一旦确定，产品就可以快速地进行量产。由于巧克力是定制的，所以产品的设计、尺寸及质量决定了它的价格。

如今，3D 打印巧克力已经逐渐商业化，可以在网上买到各种形状的 3D 打印巧克力，如图 4-9 所示。

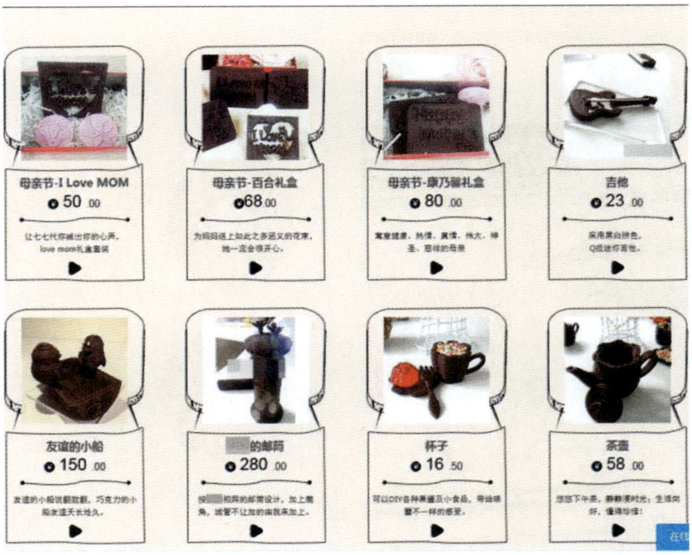

图 4-9　3D 打印巧克力商品

4.3.4　3D 打印白糖雕塑

白砂糖是我们日常生活常用的调味剂，它除了可以食用外，还可以用来制作艺术品。例如，有两位艺术家将白砂糖和 3D 打印相结合，制作出了精美好看的 3D 打印白糖雕塑，如图 4-10 所示。

图 4-10　3D 打印白糖雕塑

白糖雕塑是利用了白砂糖会吸潮结块变硬的原理，对白砂糖进行筛选和优化，提高 3D 打印时的分辨率和白砂糖的强度，其打印的过程和一般的 3D 打印过程没什么差别。

4.3.5　3D 打印甜品

3D 打印技术还可以满足对个性化独家甜品的需求，例如 Sugar Lab（糖实验室）是一家专门定制 3D 打印甜品的店铺，该甜品店的所有甜品都是个性化定制的。如图 4-11 所示为 Sugar Lab 官网上的各种 3D 打印甜品。

The Sugar Lab 先按照用户的要求建立一个 3D 数字模型，根据该模型打印出独家定制的甜品。The Sugar Lab 的 3D 打印甜品有情人、冬季和秋季三个系列，每个系列下又有多种甜品种，支持自订。

图 4-11　Sugar Lab 官网上的各种 3D 打印甜品

4.3.6　3D 打印人形棒棒糖

棒棒糖一直是人们最爱的零食之一，各种形状奇特的棒棒糖很多，但 3D 打印的人形棒棒糖更是充满新奇，如图 4-12 所示。

图 4-12　3D 打印的人形棒棒糖

制造这种棒棒糖的方法简单，只需两步。第一步是进行全身 3D 扫描并建立模型；第二步以糖为原材料将模型用 3D 打印机打印出来即可。

4.3.7　3D 打印月饼

中秋节是我国的传统节日之一，这一天吃月饼则是自古以来的习俗。面对各式各样的月饼，3D 打印月饼完全可以满足人们的个性需求，如图 4-13 所示。

图 4-13　3D 打印月饼

3D 打印月饼的制作方法也很简单，通过 3D 打印机将制作材料挤压出来，然后层层堆砌即可。还有一种方法就是：先打印出月饼模具，然后将月饼的材料填充到模具里，这和传统模具相比要更加便捷。

4.3.8　3D 打印个性图案果冻

灵感和创意来源于生活，有人因在朋友的生日会上受到启发，于是利用 3D 打印机制作出了印有祝福图案的果冻，如图 4-14 所示。

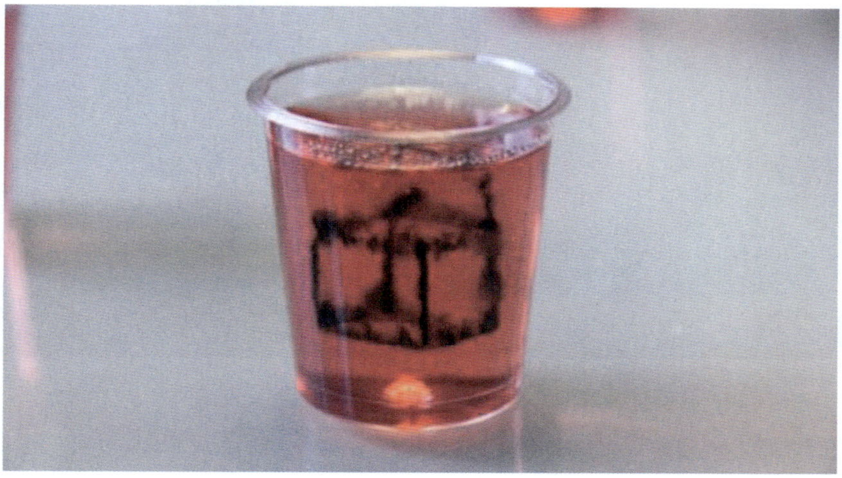

图 4-14　3D 打印果冻

因为该打印机和其他打印机相比体积非常小，如图 4-15 所示。只需要 10 伏的电池就可以维持打印机的工作，而且能够任意移动，非常方便。

图 4-15　制作果冻的 3D 打印机

4.3.9　3D 打印寿司

寿司是日本的传统美食之一，在东京，有这样一家寿司餐厅利用 3D 打印技术为顾客提供定制的 3D 打印寿司，如图 4-16 所示。

图 4-16 3D 打印寿司

这家寿司餐厅的服务和用餐流程也和别的餐厅不一样，首先，它会在顾客用餐前，收集顾客的身体信息并生成一份“健康 ID”。其次，根据“健康 ID”搭配顾客身体所需的营养成分来制定个性化的 3D 打印寿司。最后，寿司的制作都是由机械臂和 3D 打印机来完成，如图 4-17 所示。

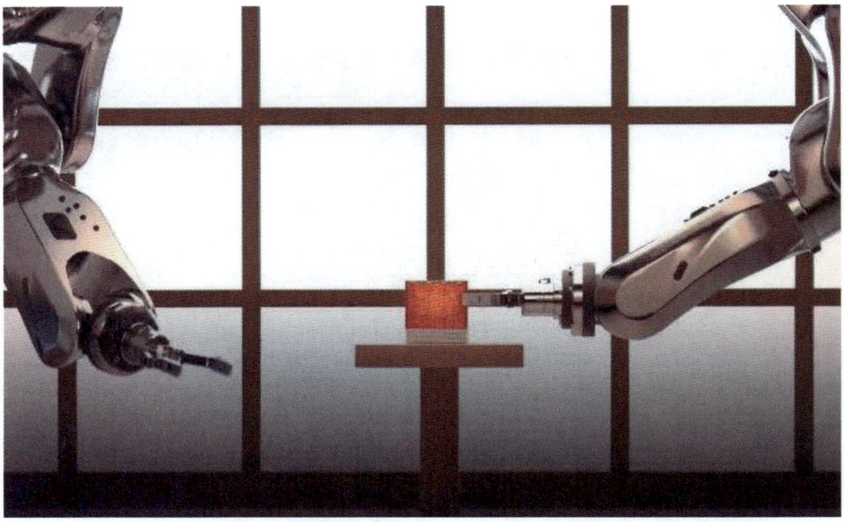

图 4-17 制作 3D 打印寿司

4.3.10 3D 打印的口香糖

口香糖也是深受喜爱的零食之一，如绿箭、益达等。德国某公司利用 3D 打印技术制作出了，各种形状口味的 3D 打印口香糖，如图 4-18 所示。

这种 3D 打印口香糖，不仅嚼劲十足，韧性大，而且保质期比普通的口香糖要长。另外，该公司还支持定制。

图 4-18　3D 打印口香糖

4.3.11　3D 打印可食用生长植物

荷兰某工业设计师利用 3D 打印技术制作出了可食用的生长植物，如图 4-19 所示。这种食物纯天然，既健康又营养。

这种 3D 打印可食用的生长植物是通过打印种子、酵母菌等微生物，然后让其生长成可食用的蘑菇和植物

图 4-19　3D 打印可食用生长植物

4.3.12　3D 打印柔滑食物

对于老年人和吃东西有困难的人来说，大部分食物是难以下咽的，因此德国某食品公司就通过 3D 打印机制作出了一种柔滑的食物，如图 4-20 所示。

这种 3D 打印食物外观呈柔软的胶状，在吃的时候只会融化在口里，不会随着嚼咽而吞下去，不仅味道好，而且健康营养。但是，该 3D 打印机只能改变食物的形状，而不可以改变食物的味道

图 4-20 3D 打印柔滑食物

4.3.13 3D 打印奥利奥饼干

在美国的 SXSW 音乐节上，有两台自动贩卖机自带 3D 打印机，为人们提供奥利奥饼干的 3D 打印服务。如图 4-21 所示为 3D 打印奥利奥饼干。

该 3D 打印奥利奥饼干有十二种口味可供顾客选择，其质量约为 6.8 克，打印一块只需要两分钟左右。如图 4-22 所示为 3D 打印机正在制作奥利奥饼干。

图 4-21 3D 打印奥利奥饼干

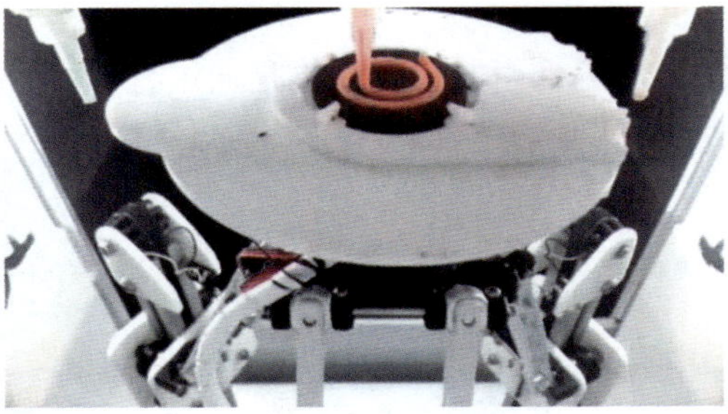

图 4-22 3D 打印机正在制作奥利奥饼干

4.3.14 3D 打印冰棒

在炎热的夏天，除了冰饮和冰淇淋是解暑神器外，另外就是冰棒了。荷兰某公司利用 3D 打印技术制作出了个性化的 3D 打印冰棒，如图 4-23 所示。该公司是一家致力于生产创意设计冰棒的公司，这种 3D 打印冰棒不仅形状具有创意，而且支持私人订制。

图 4-23 3D 打印冰棒

4.3.15　3D 打印意大利面

在西餐中意大利面比较符合中国人饮食习惯，而意大利某食品制造商则通过 3D 食物打印机制作出了 3D 打印意大利面，如图 4-24 所示。

这种 3D 打印意大利面可以自行设计形状，该制造商也正在努力提高 3D 食物打印机的打印速度，以便向餐厅推广这种机器。

图 4-24　3D 打印意大利面

4.4　3D 打印的食品餐具

食物和餐具是相匹配的，本节主要介绍几款 3D 打印的餐具。

4.4.1　3D 打印火箭咖啡杯

随着生活水平的日渐提高，喝咖啡成为越来越多人享受生活的一种方式，而拥有一款个性的咖啡杯则可以在喝咖啡的时候更加惬意。这款产品是带尾翼的“火箭”咖啡杯，由 3D 打印制成，如图 4-25 所示。这款 3D 打印的咖啡杯可以装满约 60 毫升的咖啡，底座采用火箭尾翼的形状，以吸引用户眼球。因为是由 3D 打印制作而成，所以制作周期非常短。

图 4-25　3D 打印火箭咖啡杯

4.4.2 3D 打印镀银不锈钢餐具

某设计师利用 3D 打印技术制作了一整套镀银的不锈钢餐具，其工艺和设计非常巧妙精致，如图 4-26 所示。

图 4-26 3D 打印镀银不锈钢餐具

这套 3D 打印的镀银不锈钢餐具一共有五件，无毒无害，使用时不用担心健康问题。该设计师除了这套 3D 打印的餐具以外，还设计了 3D 打印椅子和服装配饰等。

4.4.3 3D 打印糖果餐具

加拿大某设计师通过 3D 打印机，以糖果为原材料，打印了各种碗盘，并将其命名为“沙丘”，如图 4-27 所示。

图 4-27 3D 打印糖果餐具

餐具制作流程为：首先，用糖粒打印出来大致的形状。其次，用其制作硅胶模型，再在石膏中浇铸。最后，用骨瓷将餐具制作出来。

这种 3D 打印糖果餐具拥有独特的纹理，能够用水去除粘在硅胶上的残留颗粒。设计者利用 3D 打印技术制作出了手工和计算机都无法设计的形状。

4.4.4　3D 打印分子美食筷

试想这样一个情形：就餐完毕后，服务员拿起亮闪闪的筷托，把筷身探入侧边上不起眼的小洞，很快筷子表面膜彻底除去。接着筷子自然而然地吸附在高脚杯侧壁，魔术般静悄悄被溶解去，然后就得到了一杯用筷子制作的饮料。这不是什么魔术，这是利用最新食品专用 3D 打印机打印出的“分子美食筷”，如图 4-28 所示。

图 4-28　分子美食筷

对比传统的筷子，“分子美食筷”拥有无可比拟的优势，在机械性能、延展性、各种酸碱条件测试、摩擦力、高温耐受和应力等范围都有极大的提升，最为关键的是这种筷子能够食用，只需要将筷子表面的一层膜撕掉，这根筷子就能成为美食。

目前，“分子美食筷”有多种口味供食客选择，鸡汁味、蓝莓味和乌龙茶口味。它有多种营养，全面维生素补充型、清热降火、补铁补钙、海参鲍鱼虫草滋补和加碘补硒。它是一道美食，咬碎它，溢出鱼子酱、参汁、泡发好的燕翅和美酒。它有多种形式，糖块、固体饮料、口香胶糖，最重要的它还是筷子。

本章小结

本章主要介绍了 3D 打印食品的基本知识、3D 食物打印机，常见 3D 打印的食品机器和食品餐具。通过本章的学习，读者应了解 3D 打印机的作用，3D 打印和分子美食之间的关系；掌握 3D 食物打印机的工作原理及其应用，3D 打印的食品和 3D 打印食品餐具等。

本章习题

1．第一种 3D 打印的食物是什么？
2．3D 食物打印机的作用是什么？

第5章　3D打印在服饰行业中的应用

本章导读

衣服、鞋子和饰品是日常生活中必不可缺的物品，3D打印在服饰行业有着非常广泛的应用，可以通过3D打印机设计出许多非常具有创意的衣服、鞋子和饰品等。

本章重点

- 3D打印在服装领域的应用
- 3D打印在鞋业领域的应用
- 3D打印在饰品设计的应用

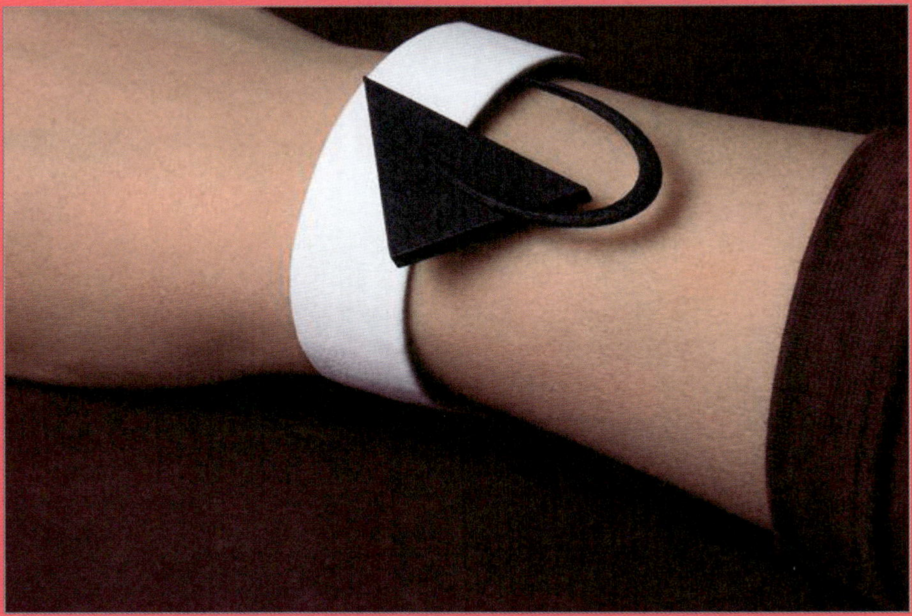

5.1　3D 打印在服装领域的应用

3D 打印技术在服装领域的应用非常广泛，随着 3D 打印技术的发展，有可能会变革传统的服装设计和制造模式。本节主要介绍 3D 打印在服装领域的应用。

5.1.1　3D 打印的连衣裙

3D 打印在服装领域的应用是时尚和科技的结合，3D 打印的服饰也逐渐进入大众的视野。例如，某歌星在自己新专辑的发布会上，穿着一件由 3D 打印的头饰和长裙引爆全场，如图 5-1 所示。这件 3D 打印的服饰是由中国设计师设计，花了一个星期设计整件衣服和配件。之后由比利时的一家 3D 打印服务和方案商 Materialise 打印制作，整套服饰使用轻质塑料三维打印机制成，非常时尚。

图 5-1　3D 打印服饰

5.1.2　3D 打印胸衣

在某著名内衣品牌的年度时装秀上，一位身着镶有无数施华洛世奇水晶的 3D 打印胸衣惊艳了全场，如图 5-2 所示。这套 3D 打印胸衣获取了模特身体的 3D 扫描数据之后，为其量身定制的，整件衣服看上去显得非常独特，光彩夺目。

图 5-2　3D 打印胸衣

5.1.3 3D 打印运动服装

美国某压缩服装生产商推出了一款 3D 打印的运动服装，如图 5-3 所示。这款由 3D 打印制造的运动服装能够缩短生产时间，支持定制，还可以尝试使用不同的原材料进行制作。生产商将 3D 打印技术与运动服装相结合，有利于推动智能纺织品和耐磨技术的研发，为运动员提供更好的产品和服务。

图 5-3 3D 打印运动服装

5.1.4 概念版衣服 3D 打印机

对于一些懒惰的人来说，太多的衣服不仅意味着繁重的洗衣服任务，同时也是对家庭空间的一大挑战。某工业设计师利用 3D 打印技术研发了一款专门打印衣服的概念 3D 打印机，顺利地解决了这个难题。如图 5-4 所示为概念版衣服 3D 打印机。

图 5-4 概念版衣服 3D 打印机

使用概念版衣服 3D 打印机前，下载好喜欢的衣服模型设计图，再用 3D 打印机将其打印出来。如果不想要这件衣服时，只需将衣服放回打印机，然后就会被回收成原材料并返回到墨盒中，方便再次打印使用。因此，这款概念版衣服 3D 打印机减少了原材料的浪费，促进了资源的循环利用，有利于环保。

5.1.5 3D 打印时装

在巴黎时装周上，来自荷兰的某时装设计师展示了两款 3D 打印时装作品，一款是银灰色的套装，另一款是黑色的礼服，如图 5-5 所示。

图 5-5 3D 打印时装作品

这两款 3D 打印时装的制作技术分别来自两家企业，其中，一家名为 Stratasys 的公司研发的新型 3D 打印机可以同时打印软硬两种质地的物体，这不仅为实现 3D 打印时装提供了客观条件，也有利于简化高级时装的制作过程。

5.1.6 3D 打印内衣

这是一款由瑞士洛桑时尚设计团队设计的 3D 打印私人定制内衣，如图 5-6 所示。这款 3D 打印内衣十分精美，极具想象力，设计者通过 3D 打印笔勾画出精美的图案，然后再将其打印出来，做到了点、圆和线的完美结合。

图 5-6 3D 打印内衣

5.2 3D 打印在鞋业领域的应用

除了打印衣物之外，3D 打印机还能制作出各式各样的鞋子，包括漂亮时尚的高跟鞋，以及动感轻便的运动鞋等。

5.2.1 3D 打印生物跑鞋

对于如今的年轻人来说，一旦爱鞋破损了，可能就要和它说再见了，因为修补的鞋子将不再完美。近日，有一款可以自动修复的 3D 打印生物跑鞋，让人们不再担心鞋子破损，如图 5-7 所示。

图 5-7 3D 打印生物跑鞋

这款 3D 打印生物跑鞋是以原细胞为材料，利用 3D 打印技术按照使用者的脚部大小量身定制的。在不同的条件下，能够产生不同的特性，犹如人的第二层皮肤。另外，它还能通过使用者运动时产生的压力，自动调整形状并生成气垫，从而提供额外的缓冲。

▶ 专家指点

在结束运动之后，原细胞会消耗能量，将跑鞋放在有原细胞液体的器皿里，以便跑鞋进行自动修复。当跑鞋恢复活力后，液体的颜色会变成跑鞋的颜色。

5.2.2 3D 打印 iPhone 高跟鞋

随着智能手机的普及，越来越大的手机让不少喜欢轻装逛街的人们叫苦不迭。因为手机越大会导致手机不好放，而这款 3D 打印 iPhone 高跟鞋就能较好地解决这个问题，如图 5-8 所示。这款 3D 打印 iPhone 高跟鞋把鞋子和手机套结合在一起，既颇具创意，又解决了实际问题。这双高跟鞋的尺码为 37 号，大小适中。

虽然这双 3D 打印的高跟鞋的设计非常具有创意，但实际的使用效果没那么理想，因为在鞋子上放一部 iPhone 手机，重量就会大大增加，走起路来也会感觉吃力，而且 iPhone 手机的安全问题也无法保证。

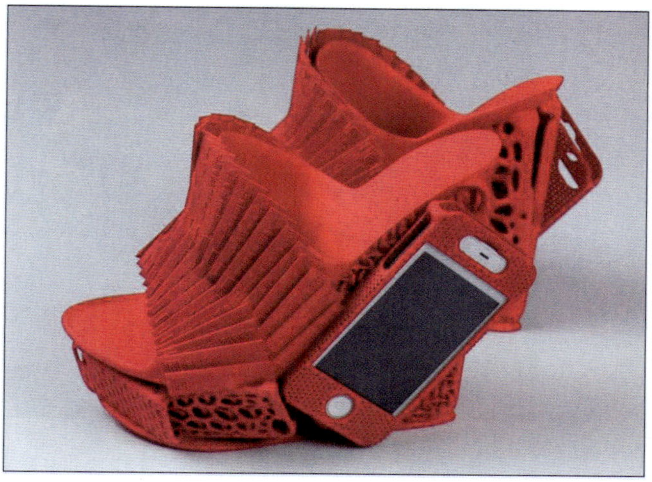

图 5-8　3D 打印 iPhone 高跟鞋

5.2.3　动物骨头设计的 3D 打印鞋

这款 3D 打印鞋子，其设计灵感来源于动物的骨头，由伦敦的一位设计师设计，如图 5-9 所示。这款 3D 打印鞋子的鞋跟上，动物牙齿的形状犬牙交错，看上去非常炫酷，创意十足。相信在不久的将来，不仅仅是 3D 打印的鞋子，还会有更多的创意十足的产品出现。

图 5-9　动物骨头设计的 3D 打印鞋

5.2.4　首款 3D 打印足球鞋

Nike 是美国体育用品生产商，该公司利用 3D 打印技术制造了一款足球鞋，如图 5-10 所示，这款足球鞋是首款 3D 打印足球鞋。该 3D 打印足球鞋的基板采用激光选区烧结技术烧制而成，和传统的工艺制造方法相比，这款 3D 打印足球鞋不仅质量更轻，而且制造时间更短，还能够帮助运动员获得更快的加速度。

图 5-10　首款 3D 打印足球鞋

5.2.5　3D 打印“树根鞋”

3D 打印技术在当今社会已经不算稀奇，各种奇妙的 3D 打印产品也慢慢为人们所接受。近日，知名时尚设计师与鞋类设计师联合打造了一款充满未来风格的超酷 3D 打印高跟靴子，并在在巴黎时装周上推出，如图 5-11 所示。

图 5-11　3D 打印“树根鞋”

这双鞋的外形看起来就像是无数根须缠绕在一起，每层只有 16 微米，分别使用了刚性黑色和白色不透明材料。这双“树根鞋”采用的 3D 打印技术能够建立错综复杂、相互交织的根须鞋跟，模仿树根在脚下扭曲和盘旋，这是其他任何一项制造技术都做不到的。

5.2.6　3D 打印鞋垫

一直以来，糖尿病是临床医学治疗的难题之一。而如今，只要根据病人的脚型，打印出鞋垫，垫在特制的鞋子里。糖尿病患者穿上这样的鞋，可以很好地预防糖尿病足，如图 5-12 所示。

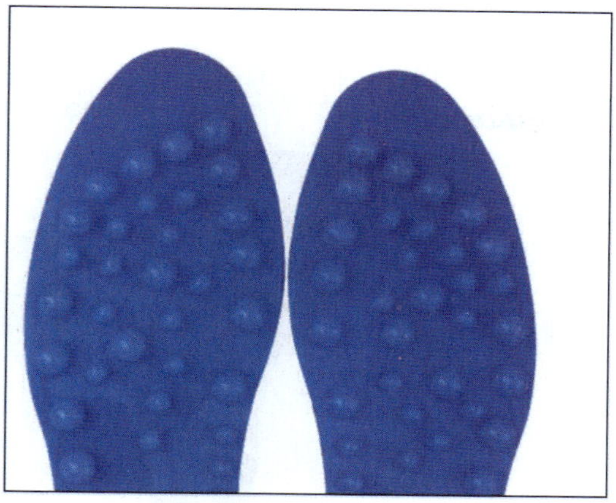

图 5-12　3D 打印预防糖尿病鞋垫

根据电脑数据计算出鞋垫的最佳尺寸后，一双 3D 打印鞋垫半个小时就能完成。该鞋垫呈现不规则，多部位有凹凸不平的质感，也沿用了中医学中的穴道治疗知识。这款神奇的鞋垫是国内首套 3D 打印的医用鞋垫，穿上它，能够让双脚走路时脚底的受力变得均匀，从而预防压力性溃疡，预防糖尿病足的发生。

▶ 专家指点

对于糖尿病患者来说，并不是穿上这种鞋子就万事大吉了。3D 打印鞋垫只能起到预防和保护的作用，减少糖尿病足的发生，控制血糖才是最为重要的。

5.2.7　3D 打印无影高跟鞋

在深圳有一位美女创客，利用 3D 打印技术发明了一款“无影高跟鞋”，如图 5-13 所示。这款高跟鞋里面是空的，据说可以放入一套安全渗透测试工具包。

图 5-13　“无影高跟鞋”

5.2.8　3D 打印凉鞋

在网上买鞋通常会遇到一个问题，就是买的鞋子尺码有一定误差、不合脚，导致穿得不舒服，而 3D 打印技术的出现，帮我们解决了这个问题。

例如，某设计师和他的足科医生朋友打造出了定制合脚的 3D 打印凉鞋，如图 5-14 所示。其定制的过程是：先通过 3D 扫描仪扫描人的脚部，然后在按照脚部模型等设计出合适的方案，最后将凉鞋用 3D 打印机打印出来。

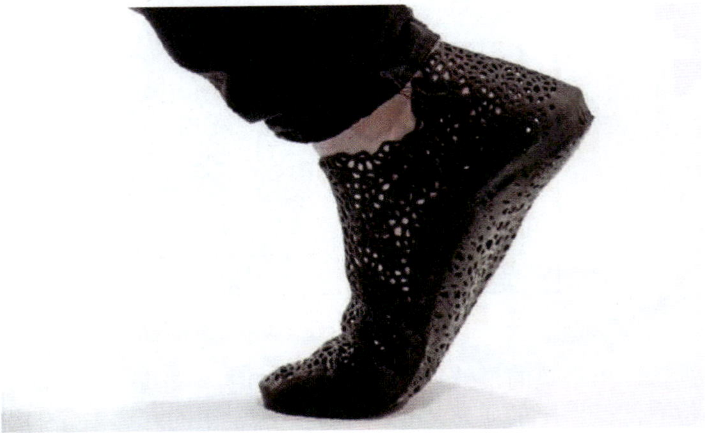

图 5-14　3D 打印凉鞋

5.2.9　3D 打印定制鞋垫

“兰湾足行”是一家 3D 打印公司旗下的品牌，它推出了一项 3D 打印个性化定制鞋垫服务，为用户定制 3D 打印鞋垫。如图 5-15 所示为“兰湾足行”定制的 3D 打印鞋垫。

图 5-15　“兰湾足行”定制的 3D 打印鞋垫

该 3D 打印定制鞋垫采用自主研发的数字化扫描技术，从而保证了它可以完全贴合用户的脚型，达到缓解脚部酸痛的效果。目前，这项服务已经在“兰湾足行”的官方微信小程序中上线，用户可以先选择附近的足型检测预约点测量足型，然后下单进行定制。如图 5-16 所示为“兰湾足行”微信小程序的 3D 打印个性化定制鞋垫服务。

如果用户不方便去检测点也可以选择足印盒逆向扫描和自行测量服务，从图 5-16 中可以看到，该定制服务的价格只需 290 元。

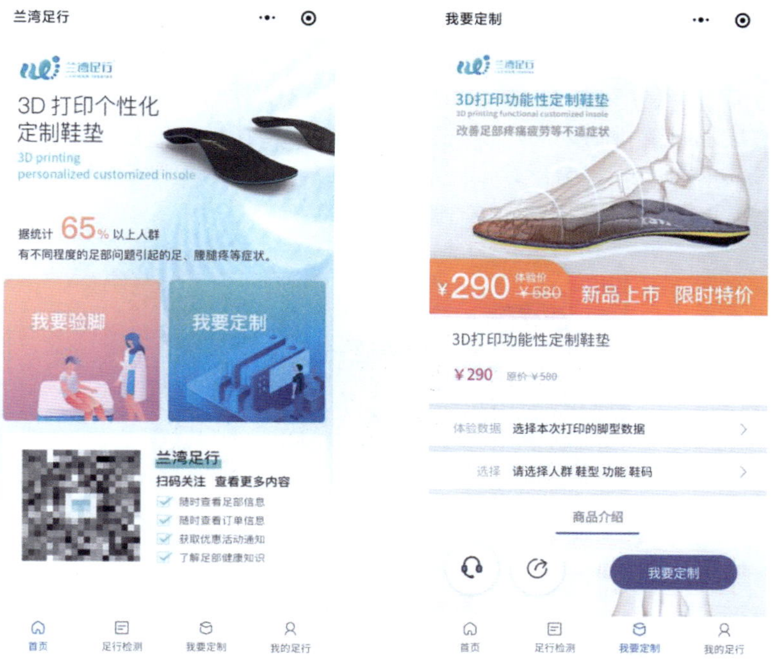

图 5-16　“兰湾足行”微信小程序的 3D 打印个性化定制鞋垫服务

5.3　3D 打印在饰品设计的应用

3D 打印不受想象力限制的特点，使得其在创意饰品的设计上独具优势。从独特首饰，到个性饰品，3D 打印都能得心应手地制作出来。

5.3.1　3D 打印个性化面具

面具是大多数人喜欢的饰品之一，在网上下载了一个面具的 3D 模型，然后用 3D 打印机将其打印出来，如图 5-17 所示。这是一款 3D 打印的低聚合面具，外观设计采用 Low Poly（即拟物化、扁平化）风格，看上去十分炫酷，适合舞会等场合。

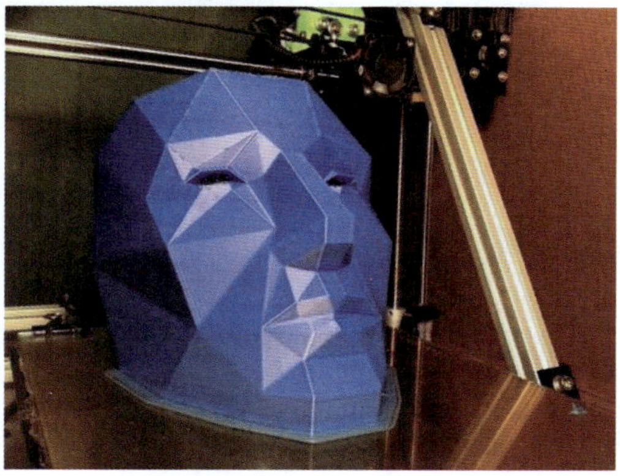

图 5-17　3D 打印的低聚合面具

5.3.2 时尚 3D 打印领结

日本某设计工作室利用 3D 打印技术制作了一款 3D 打印领结，如图 5-18 所示。和一般的领结相比，它是采用塑料制成的，而且背面设有纽扣插槽，只需把领结直接扣在纽扣上即可，不需要用丝带系好。这款 3D 打印领结的售价不菲，可以作为礼物送给亲朋好友。

图 5-18 3D 打印领结

5.3.3 首款 3D 打印男士配饰

随着生活质量水平的提高，不仅女士戴首饰是一种普遍的行为，男士带饰品也成为了一种时尚。美国某 3D 打印设计师推出了世界上第一个 3D 打印的男士配饰系列，这也是该设计师第一款 3D 设计和生产的配饰，该系列包括了领带别针、手镯和皮扣等物品。如图 5-19 所示为 3D 打印男士手镯。

图 5-19 3D 打印男士手镯

5.3.4 3D 打印分子结构式饰品

某实验室利用 3D 打印技术制作出了 3D 打印分子结构式饰品。这款 3D 打印分子结构式饰品个性十足，制作该饰品的材料有多种，如彩磨砂、尼龙塑料等。可以在网上订购，也可以搜索喜欢的样式进行打印，还能调整饰品的厚度。不同的材料其收费的价格也有所不同，其制作打印到用户收货大约需要两到三个星期。如图 5-20 所示为 3D 打印分子结构式饰品。

图 5-20　3D 打印分子结构式饰品

5.3.5　独特的 3D 打印珠宝店

澳大利亚某位 3D 打印爱好者专注于 3D 打印珠宝的研究，这种创新和个性的追求与 Kickstarter 网站不谋而合。该网站是一个创意方案的众筹平台，致力于帮助有创新能力的人实现梦想。于是，这位 3D 打印爱好者就在该网站上开了一家 3D 打印珠宝店铺，并且销售收入还不错，具有非常广阔的发展前景。如图 5-21 所示为 3D 打印个性珠宝。

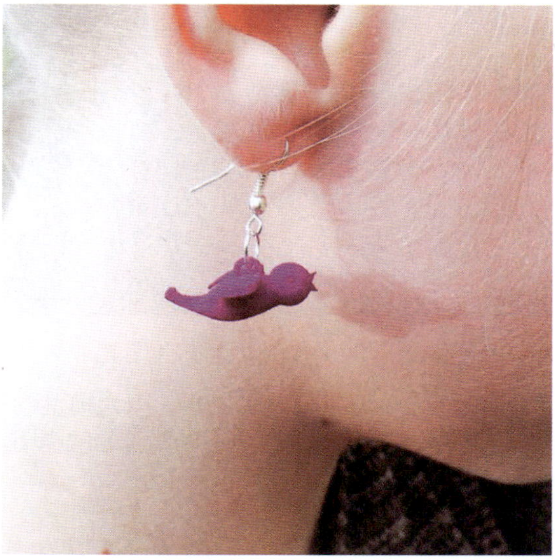

图 5-21　3D 打印个性珠宝

5.3.6　可代替公交卡的 3D 打印戒指

某项目团队利用 3D 打印技术开发了一款 3D 打印戒指，如图 5-22 所示。这款 3D 打印戒指和其他戒指不同的是，它具有公交卡的功能，能够进行充值、扣费，而且戴在手指上不用担心丢失，使用十分方便。

该 3D 打印戒指提供多种颜色供用户选择，比如黑色、白色、红色和蓝色等。在戒指的表面可以选择用金色或银色来刻上四个自定义字母（不能超过四个）。如图 5-23 所示为 3D 打印戒指的定制字母示范。

图 5-22　3D 打印戒指

图 5-23　3D 打印戒指的定制字母示范

用户根据自己的喜好选择定制的属性，然后上传自己的设计图案即可完成戒指的订购。如图 5-24 所示为 3D 打印戒指的使用示范。

图 5-24　3D 打印戒指的使用示范

该 3D 打印戒指还没有广泛推广主要是资金的问题，因为模具制作的成本非常高。该项目团队表示，如果资金充足，将会升级戒指，增加外观的光泽和金属感，并加入更多新的功能。

5.3.7　定制个性 3D 打印眼镜

由于脸部形状存在很大的差异，哪怕镜框只是很微小的变化都会带来不舒服的佩戴体验，一般实体店铺销售的镜框根本无法满足按需定制的要求，某公司推出了个人定制的 3D 打印眼镜，如图 5-25 所示。

定制 3D 打印眼镜流程：首先，需要发送两张面部照片到该公司的官方网站。其次，平台系统的编程算法程序就会自动修改镜框。最后，再把修改的信息发送到 3D 打印机，打印出来即可，一副专属的 3D 打印眼镜就定制完成了。

图 5-25　定制 3D 打印眼镜

5.3.8　3D 打印绿植首饰

随着人们生活质量水平的提高，许多人喜欢种植盆栽来提升生活格调和品味，更好地享受生活。如今，3D 打印技术的发展能更好地满足人们多样化的需求。

例如，某设计师利用 3D 打印技术将花盆做成迷你的绿植首饰，方便人们把喜欢的盆栽戴在身上，能够保持美好愉快的心情。如图 5-26 所示为 3D 打印绿植首饰。

图 5-26　3D 打印绿植首饰

3D 打印的迷你盆栽不仅可以作为项链、胸针和戒指等戴在身上，还可以挂在自行车上，如图 5-27 所示。

图 5-27 挂在自行车上的绿植盆栽

5.3.9 3D 打印几何感的首饰

随着 3D 打印的发展，3D 打印的概念也被越来越多的人所了解，许多设计师纷纷借助 3D 打印技术来发挥自己的创意灵感。例如，某工作室的设计师利用 3D 打印设计制作了几何风格的 3D 打印首饰，如图 5-28 所示。

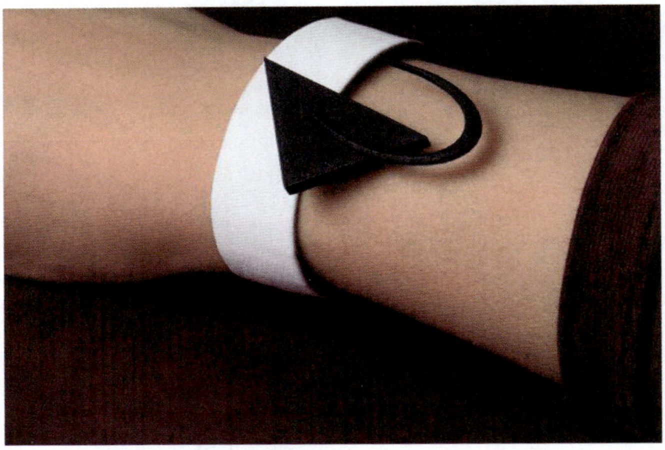

图 5-28 3D 打印几何风格的首饰

这种 3D 打印的首饰看上去非常简洁舒适，几何感的设计拥有独特的视觉感受。可以当作耳环、吊坠或手链佩戴；也可以根据场合和衣服进行搭配。

5.3.10 3D 打印镶嵌钻石戒指

印度某 3D 打印服务提供商利用 3D 打印技术，制造了一枚镶嵌钻石的 3D 打印戒指，如图 5-29 所示。

这枚 3D 打印钻戒的外观设计来源于喜马拉雅山茶花，它镶嵌了 7 801 颗钻石，也是目前镶嵌钻石最多的戒指。

图 5-29　3D 打印钻石戒指

本章小结

本章主要介绍了 3D 打印在服装领域的应用、3D 打印在鞋业领域的应用和 3D 打印在饰品设计的应用。通过本章的学习，读者应了解 3D 打印机打印各种服装，漂亮时尚的高跟鞋和动感轻便的运动鞋等；掌握 3D 打印机打印各种创意饰品等。

本章习题

1. 在可代替公交卡的 3D 打印戒指的介绍中，它可以刻多少个自定义字母？
2. 在 3D 打印镶嵌钻石戒指的介绍中，它一共镶嵌了多少颗钻石？

第 6 章　3D 打印在建筑领域中的应用

本章导读

3D 打印技术在建筑领域有着十分重要的作用，它的发展也带动了 3D 打印建筑的兴起。本章主要介绍 3D 打印与建筑领域的相关内容，包括其应用阶段和优势等。还介绍了 3D 打印建筑的应用案例，帮助读者全面掌握 3D 打印建筑的知识。

本章重点

- 3D 打印与建筑领域
- 3D 打印在建筑领域的案例

6.1　3D 打印与建筑领域

3D 打印为建筑设计提供了一种全新的制造方法，3D 打印建筑模型的过程可分为拍照、建模、打印三个步骤，这种操作方法比传统的建筑设计更准确、更快捷。本节主要讲解 3D 打印建筑的相关内容知识。

6.1.1　认识 3D 打印建筑

3D 打印技术如今在多个领域得到应用，用它来制造服装、建筑、汽车等，其中尤以建筑设计领域的应用最为出彩。

3D 打印建筑是利用 3D 打印技术建造的建筑物。打印装置是由一个巨型的三维挤出机械构成，使用齿轮传动装置来创建基础及墙壁，最后直接打印出建筑物。如图 6-1 所示为 3D 打印建筑模型。

图 6-1　3D 打印建筑模型

6.1.2　3D 打印重塑建筑业

3D 打印技术保证了建筑设计的稳定性和房屋的质量，3D 打印主要从以下两个方面重塑建筑行业。

1. 建筑蓝图可视化

在某旧房改造项目中，通过 3D 打印技术保留原有的数据，然后在设计与改造的过程中和新的设计进行逆向对比，一旦发现错误就重新进行建模，并和扫描图像进行核对。

利用 3D 扫描仪记录以前建筑的信息，并借助逆向技术生成模型，通过核对能快速发现改造前后的不同之处，从而实现建筑蓝图可视化，使建筑使设计更加符合实际。

2. 设计模型精细化

如图 6-2 所示为瑞典创新工作室 WEDO 设计的 Stockholmsarenan 球场的 3D 数字场馆模型。在这个小小的模型中，虚拟实现了球场的每一个细节，甚至拥有 7 400 个高细节度的座位，每个仅有 4 毫米宽，非常精细。

图 6-2　Stockholmsarenan 球场的 3D 数字场馆模型。

6.1.3　3D 打印建筑的阶段应用

3D 打印技术不仅能用于修正和展现建筑设计，还参与到了建筑设计中的每一个阶段。3D 打印技术在建筑设计各阶段的应用情况如下。

1. 市场开发阶段

在市场开发阶段，3D 打印模型能够帮助建筑设计师清晰明确地把自己的想法传递给业主，同时可以实时获取信息反馈，有利于发展客户关系。

2. 方案设计阶段

在方案设计阶段，3D 打印模型能够制作建筑地形和环境背景，特别是在做大型建筑的设计时，需要向客户展示设计思路，这时 3D 打印机能发挥巨大的优势。

3. 提交方案阶段

使用 3D 模型完成空间和环境的设计成果，其实就相当于呈现迷你版的建筑和环境原型，即使业主对设计不满意，也可以直接更改，从而降低资源浪费。

4. 设计营造阶段

在项目技术设计和营造阶段，随着建筑项目的逐步开展，3D 模型的辅助设计功能会相应改变。这时就可以利用 3D 打印机建立模型，如果业主需要定制，那么 3D 打印模型就是唯一的参考标准。

5. 成果展示阶段

将制作的 3D 建筑模型展示出来，不仅可以让业主身临其境，获得对公司的信任，同时更能体现设计者的设计风格与能力，带来新的潜在客户与收益机会。因此，3D 打印模型不仅可以作为项目设计和营造阶段的使用工具，还能作为项目成果的最终展示。

6.1.4　3D 打印建筑的优势

与常规的一砖一瓦的建筑方式相比，3D 打印建筑有以下优势。

1. 抗震性能大大增强

在发生地震的时候，最先受损是结构强度最弱的，一个常规的建筑都是有成千上万个砖、混凝土、钢筋和其他不同成分的材质组合在一起的。任何一个零件的薄弱都可能导致整个性能的降低，如果采用 3D 打印，就可以把一个房子打印成一个零件，这一个零件的抗震性能远远比成千上万个零件的抗震性能要大大增强。

2. 节省建筑材料

传统建筑的材料与结构是经过计算的，但是许多建筑结构并非是最优化的，这有可能会浪费建筑材料。利用 3D 打印的方式，可以把建筑的墙壁和内部的结构，采用最优化的方式做成中空、任意结构的模式，所以材料可以节省很多。实验证明，采用 3D 打印建筑的房屋，材料可以节省 30%以上。

3. 设计可以突破常规

3D 打印的一大特点就是造型没有限制，只要设计师想的到，3D 打印机就能通过建模打印出来，如图 6-3 所示。

图 6-3 3D 打印机通过建模打印建筑

4. 建筑成本更低

除了节省建筑材料外，3D 打印建筑还能节省大量的人力、设备和费用，所以总体上的成本略有降低。并且它可以 24 小时工作，不需要更多人管理员工的偷懒、放假问题，工期可以有一定的缩短。

6.1.5 3D 打印建筑尺寸的解决方案

理想中的 3D 打印房屋是十分完美的，然而现实中却是困难重重。在 3D 打印建筑中最重要的就是尺寸的问题，因为如果要打印房屋，那么 3D 打印机喷头的活动范围就需要覆盖全幅的输出尺寸，也就意味着打印机要比房屋大一圈才行，这显然不现实。

目前 3D 打印建筑尺寸的解决方案主要有三个，具体内容如下。

1. 全尺寸打印

第一种是全尺寸打印，也就是采用等比例大小的 3D 打印机来建造房屋。但是，这种方案有个很明显的缺点，那就是打印的房屋越大，所需的打印机就越大，而机器越大越难制造。

不仅如此，打印的精度和速度也会随着打印机变大而越来越差。

2. 分段组装式打印

第二种是分段式组装打印，也就是分批打印然后再进行组装。这种打印方法的优缺点也很明显，具体内容如下。

（1）优点：不用担心房子尺寸的问题，可以打印任意大小的建筑。

（2）缺点：组装工作增加了额外的工作量，提高了建造成本。

另外，采用这种方法还需要注意两个要素，一是材料的选择，二是结构的轻量化。

例如，某公司采用分段组装式的打印方法建造一个原型房屋，如图 6-4 所示。

图 6-4　某公司打印的原型房屋

3. 群组机器人集合打印

第三种是群组机器人集合打印，也就是用若干个机器人一起进行打印工作。机器人的尺寸和建筑的尺寸无关，这种打印方案也是目前人工智能的研究方向。如图 6-5 所示为机器人正在 3D 打印建筑。

图 6-5　机器人正在 3D 打印建筑

6.2 3D 打印在建筑领域的案例

3D 打印在建筑领域的应用体现在两点：一是建筑模型的设计；二是房屋实际的动工建造，其中建筑设计阶段尤为重要。前期的建筑设计是建立在虚拟模型的基础上的，随着建筑设计的日益复杂，传统的模型制作已经不能满足设计师的需求。在国外，快速成型技术（即 3D 打印技术）已经成为建筑设计师不可缺失的工具。

6.2.1 3D 打印故宫模型

紫禁城又称故宫，是中国六大古都之一。某外国公司联合南京博物馆和荷兰某博物馆，利用 3D 打印机将故宫完整地打印出来，用在阿姆斯特丹的明朝主题展览上。如图 6-6 所示为 3D 打印故宫模型。

在展览上，3D 打印机现场打印复制出了故宫的所有建筑，包括寺庙、殿堂和房屋等。旅客可以实时观看 3D 打印故宫的整个过程。该公司将故宫的每一个建筑都建立了 3D 文件，打印一个建筑平均花费四个多小时。

用于打印故宫建筑的 3D 打印机是 Leapfrog 3D，如图 6-7 所示，它的特点是即插即用。该公司希望能通过这次活动，向人们展示 3D 打印技术的魅力和神奇。

图 6-6 3D 打印故宫模型

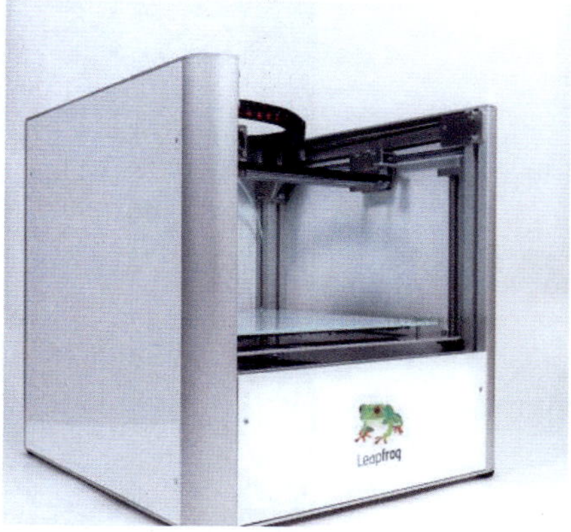

图 6-7 Leapfrog 3D

6.2.2 3D 打印悉尼歌剧院

悉尼歌剧院是世界上最具标志性的建筑之一，一直备受建筑设计师们的推崇。许多人慕名而来，欣赏这座独特建筑。一支来自苏格兰的专家团队，利用 3D 打印技术，通过对悉尼歌剧院进行激光扫描，将其用 3D 建筑模型制造出来。如图 6-8 所示为悉尼歌剧院建筑模型。

三维激光扫描使团队能够以数字形式，准确记录物体的三维表面几何形状，可以在很短的时间内收集大量的三维数据，然后利用 3D 打印机制作悉尼歌剧院的模型。

因为悉尼歌剧院位于海湾旁边，测量情况难度高，所以专家团队开发了定制钻进平台，能通过连接 3D 扫描仪来辅助捕捉周围的数据点。

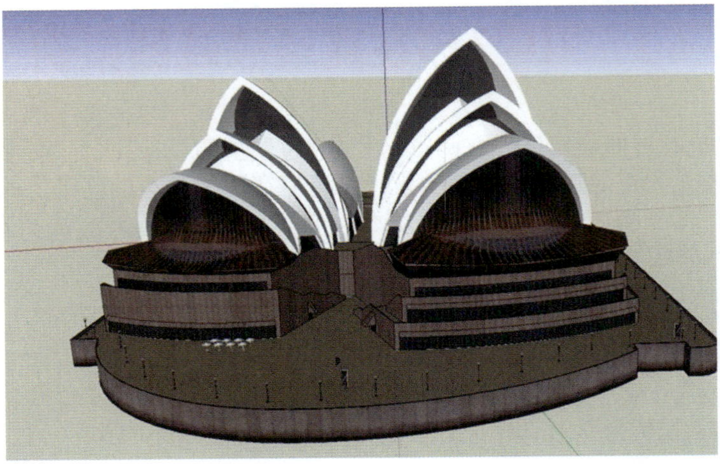

图 6-8　悉尼歌剧院建筑模型

6.2.3　3D 打印异形建筑模型

建筑设计师利用 3D 打印技术，设计并制造了很多异形建筑模型，如图 6-9 所示。

图 6-9　3D 打印异形建筑模型

曲面异形建筑的模型制作难度很高，对于制作技术与材料都有很高的要求，而 3D 打印能够快速制作异形建筑的精确模型。另外，因为制作方法便利，还可以通过 3D 打印更好地验证和完善设计参数和思路，提高建筑设计的水平和效率。从而激发设计师的积极性，降低制造成本。

在如今的市场上，常用的制作曲面异形建筑的打印技术为 EOS 激光粉末烧结技术。打印精度高，细节表现力强，材料性能稳定，坚固耐用，这些都是 EOS 设备的优势所在。

6.2.4　3D 建模制作的酿酒屋

近期，一名女孩使用一张明信片上的酿酒屋照片，加上去实地获得的一些细节，制作完成了该酿酒屋的 3D 模型，如图 6-10 所示。

图 6-10　原型与 3D 酿酒屋模型的对比

使用 Tinkercad 工具完成了酿酒屋的 3D 建模，如图 6-11 所示。再利用 3D 打印机打印出酿酒屋的 3D 模型。

图 6-11　酿酒屋的 3D 建模

> ▶ 专家指点
>
> Tinkercad 是一款免费的在线 3D 建模工具，拥有直观的界面和强大的工具，为设计者提供了许多便利。

6.2.5　3D 打印 Google 街景模型

芝加哥建筑协会与 Google 街景地图展开合作，利用 3D 打印技术将 Google 街景地图做出 3D 模型，并向市民和游客免费开放，如图 6-12 所示。

该模型可以使人们更加直观地了解芝加哥这座城市的面貌，同时也促进了 3D 打印技术的广泛应用。

图 6-12　芝加哥 Google 街景 3D 模型

6.2.6　3D 打印房屋 2.0

一直以来，轻便环保的房屋都是人们追求的目标，英国伦敦的 Softkill Design 建筑设计工作室将此变为了现实， 3D 打印房屋被命名为“打印房屋 2.0”，如图 6-13 所示。这是该工作室首次建立 3D 打印房屋的概念，同时也是世界上首个 3D 打印建筑模型。

图 6-13　打印房屋 2.0

6.2.7　首个 3D 打印建筑架构

美国加州工作室的一名设计师完成了世界上第一个 3D 建筑架构。这个建筑架构是使用标准的 3D 打印机来完成的，由 585 个 A 型打印机打印组合出来，如图 6-14 所示。

这个 3D 打印建筑架构是由若干个组件组装而成的，看上去是一个多孔的建筑，而组件是用聚乳酸制作的，这就说明该建筑结构会随时间的流逝逐渐分解。

图 6-14　3D 打印建筑架构

6.2.8　首座 3D 打印建筑

随着 3D 打印技术的完善，它已经成为了一项被人们普遍看好的技术，可以打印许多物体。例如，荷兰某位建筑师利用 3D 打印技术建造了一栋建筑，这也是世界上第一座 3D 打印的建筑，如图 6-15 所示。该 3D 打印建筑是一座流线型设计风格的两层建筑，它的天花板和内部可拓展成地板和外墙，具有拓展性和适用性。不这种做法将 3D 打印的实用领域再次上升到了一个新的高度，并且向人们展示 3D 打印的未来还远远不局限于此。

图 6-15　世界上第一座 3D 打印建筑

6.2.9　3D 打印月球房屋

利用 3D 打印机制造房子已经让人吃惊不已，那么在距离地球约三十八万公里外的月球上造房子，可以说是“天方夜谭”了。但是 3D 打印有望将其变成现实。

例如，伦敦某建筑公司设计了一款 3D 打印月球房屋，如图 6-16 所示。该房屋可以适应温差巨大，有陨石和射线的月球环境。3D 打印月球房屋采用月球土壤的材料建造而成，并且进行了真空测试。该房屋的底座以模块化管道组成，而上面的充气式原顶则是由类似泡沫的轻质结构组成，这样不仅节能还降低了制造成本。

图 6-16　3D 打印月球房屋

6.2.10　用沙子打印的立体建筑

意大利某发明家用自己发明的巨型 3D 打印机，以沙子为原材料，打印出了立体建筑，如图 6-17 所示。

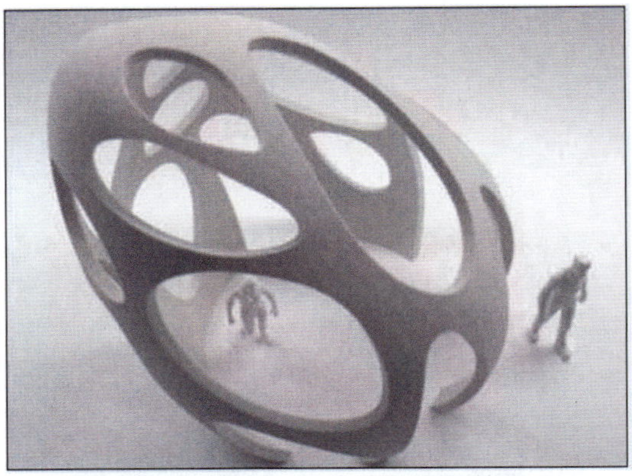

图 6-17　3D 打印用沙子打印的立体建筑

3D 打印用沙子打印的立体建筑过程如图 6-18 所示。

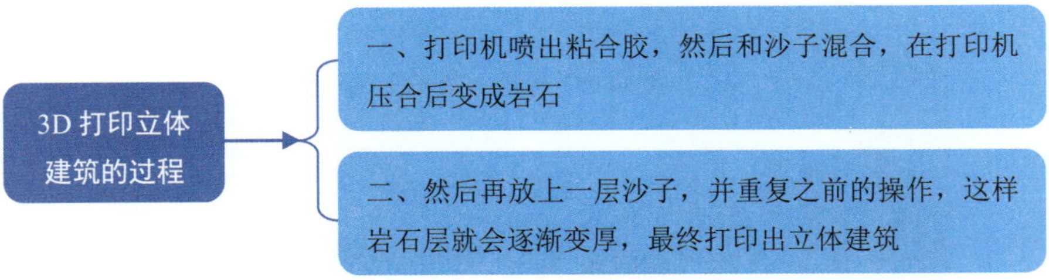

图 6-18　3D 打印立体建筑的过程

图 6-17 所示的 3D 打印立体建筑是一个有着很多空洞的蛋状结构，设计者称它为“放射馆”。虽然 3D 立体建筑的大小取决于 3D 打印机的大小，但 3D 打印的建造速度比传统的方法至少要快四倍，而且成本很低，还十分环保。

6.2.11　3D 打印建材砖

除了直接建造房屋之外，3D 打印机还能制作建筑材料。例如，荷兰某设计师通过改造 3D 打印机，从而打印出了建材砖，如图 6-19 所示。

该 3D 打印机可以打印各种材料结构、形状的砖头，比如陶瓷、水泥等。目前，打印一块砖需要十五分钟左右，虽然比传统的制造方法要慢很多，但是传统的制砖机也无法打印出不同材料结构和形状的砖头。

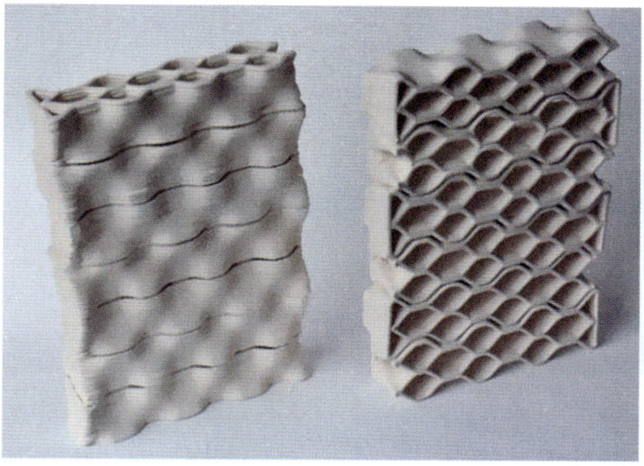

图 6-19　3D 打印建材砖

6.2.12　3D 打印 TECLA 住宅

为了减少温室气体的排放，缓解人口增长带来的环境压力，意大利通过 3D 打印技术，以本地粘土建筑材料，建造了名为 TECLA 的 3D 打印住宅，如图 6-20 所示。

这种意大利粘土是一种可循环利用的经济环保型材料，可以作为传统建筑材料水泥的替代品。该 3D 打印住宅的建筑设计为圆形，对于保护环境，促进国家和社会的可持续发展来说，具有重要的意义。

图 6-20　3D 打印 TECLA 住宅

6.2.13 美国首个商业 3D 打印房屋

随着 3D 打印行业应用的不断深入，3D 打印的商业化进程也在不断加快。例如，美国第一个商业 3D 打印房屋，是第一座获得入驻证书的商业 3D 打印房屋，如图 6-21 所示。

该 3D 打印房屋的面积为 130 平方米，拥有三个卧室，两个浴室，还有一个车库，起售价为 299 999 美元，约为 194 万人民币。这种 3D 打印房屋是用混凝土制造的，和传统建筑相比更加环保，成本也更低。如图 6-22 所示为 3D 打印商业房屋的室内环境。

图 6-21　3D 打印商业房屋

图 6-22　3D 打印商业房屋的室内环境

6.2.14 上海首个 3D 打印图书屋

2020 年 12 月，上海第一个 3D 打印图书屋建造完成，并计划在 2021 年 1 月对外开放，如图 6-23 所示，它是由混凝土打印而成的。

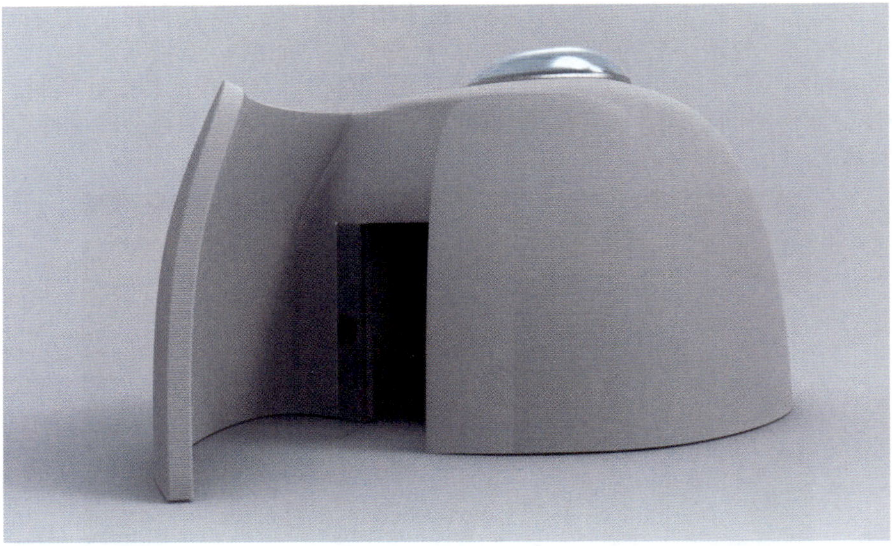

图 6-23　上海第一个 3D 打印图书屋

该 3D 打印图书屋的外墙有两种不同的纹理，一种是由 3D 打印机打印而成，另一种则是用机械臂打印出来的，其面积有 30 多平方米，能够容纳 15 个人。

本章小结

本章主要介绍了 3D 打印在建筑设计方面的应用。通过本章的学习，读者应了解 3D 打印建筑的相关知识，3D 打印建筑的阶段应用、3D 打印建筑的优势等；掌握 3D 打印在建筑领域的应用案例，包括 3D 打印故宫模型、3D 打印悉尼歌剧院和 3D 打印异形建筑模型等。

本章习题

1．3D 打印建筑有哪些优势？

2．3D 打印建筑尺寸的解决方案有哪些？

第 7 章 3D 打印在交通工具中的应用

本章导读

3D 打印在交通工具的制造中发挥了非常重要的作用，能打印出各种各样的交通工具，也改变了交通工具制造的模式和方法。本章主要介绍 3D 打印在交通工具制造领域的应用，包括各种 3D 打印汽车、3D 打印飞机和 3D 打印的其他交通工具。

本章重点

- 3D 打印与交通工具
- 3D 打印与汽车的应用
- 3D 打印与飞机的应用
- 3D 打印与其他交通工具

7.1　3D 打印与交通工具

从自行车到摩托车，从汽车到飞机，3D 打印技术正助力交通工具制造业的发展。当前最新设计的新颖 3D 打印交通工具，向人们呈现着 3D 技术的美好未来。

7.1.1　3D 打印汽车零部件

3D 打印和传统模具制造工艺相比能够快速更改设计、提高效率、降低成本，从而缩短生产周期，增加利润收入。例如，传统的零件开发周期一般需要一个月以上，而如果使用 3D 打印技术的话，则只需要一周左右。如图 7-1 所示为 3D 打印汽车零件样品。

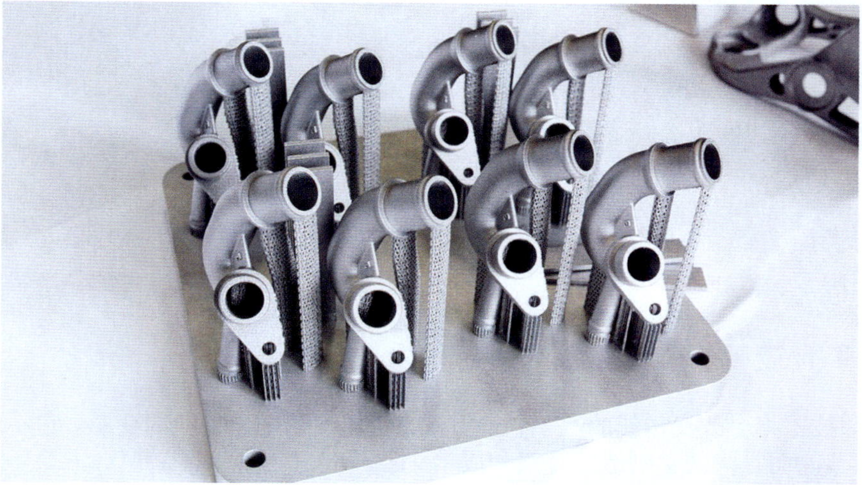

图 7-1　3D 打印汽车零件样品

对于很多汽车生产厂家来说，汽车零部件的制造是非常重要的环节，如果采用传统的制造工艺，就需要设计许多模具通过复杂的工艺来制造，从而导致生产成本大大增加，而 3D 打印技术能解决这个问题。

7.1.2　实现汽车个性化定制

随着互联网的发展，人们的需求越来越个性化，其中最明显的表现就是定制产品。而 3D 打印技术能够实现产品制造和个性需求的无缝衔接。

关于产品的个性化定制，这其中就包括了汽车。如今汽车也像手机一样，更新换代的速度和频率也越来越快，并且人们对汽车功能的要求也越来越高，随着 3D 打印技术的发展和深入应用，有利于实现汽车产品的个性化定制。

在汽车个性化定制的过程中，也遇到了一些难题和挑战，其中最直接的一点就是导致汽车的生产周期延长，而且很难进行大规模量产。

3D 打印技术可以打印出喜欢的汽车零部件，例如后视镜、车轮等。另外，通过 3D 打印技术还能够降低汽车的维修成本。

7.1.3 3D 打印勾勒未来汽车

利用 3D 打印机来打印交通工具，是对未来交通工具发展的美好设想。德国设计师设计的“阿尔法概念车”，结合了高速汽车元件和冷聚变发动机，能够在公路和空中行驶，如图 7-2 所示。该设计获得了第一名，也为人们描绘了未来的汽车能够在空中盘旋飞行的蓝图。

第二名则是加拿大某设计师设计的“2040 直驱汽车”，该汽车提供悬浮座椅，能够自行转动方向，采用完全开放式驾驶舱，如图 7-3 所示。这些 3D 打印汽车只是未来交通工具的前奏，随着 3D 打印技术的发展，3D 打印交通工具将成为未来的主流。

图 7-2 阿尔法概念车

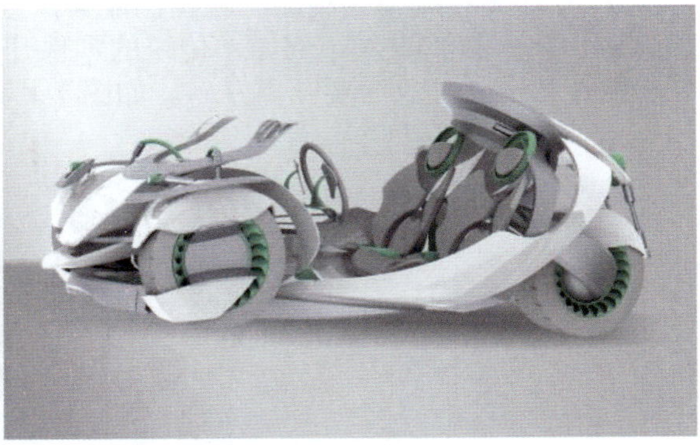

图 7-3 2040 直驱汽车

7.1.4 3D 打印变革汽车制造业

3D 打印技术将会改变传统的汽车制造方式，推动汽车制造行业的变革。它不仅简化了汽车的制造环节，而且降低了制造的时间和成本。

例如，制作一个发动机模型，传统的制造方法需要几个月，花费上万元；而利用 3D 打印技术，则只需要几天的时间，成本也只需要几千元。

3D 打印汽车模型的制作原理是通过塑料薄层累积形成三维的立体模型，例如新雪佛兰迈锐宝汽车就是按照该制作原理用 3D 打印机制造而成的，如图 7-4 所示。

3D 打印技术减少了汽车制造过程中一些特殊工具的使用需求，和一些特殊模具的使用需求。另外，汽车设计师们也可以通过 3D 打印技术设计一些个性独特的汽车。

图 7-4 3D 打印新雪佛兰迈锐宝

7.1.5　3D 打印汽车行业的应用分析

3D 打印的优势在于能够便捷精准地制造复杂的物体，这也是 3D 打印能够应用于汽车行业的前提条件。目前 3D 打印还无法实现大规模的量产和制造，因为制造成本会非常大。图 7-5 所示为 3D 打印汽车模型。3D 打印技术极大地推动了汽车行业的变革，但还需要解决产品量产的问题，这样才能让人们享受到 3D 打印技术带来的好处。

图 7-5　3D 打印汽车模型

7.1.6　3D 打印贯通飞机研发的过程

除了汽车行业，3D 打印在飞机行业也有应用，包括飞机的设计、制造以及维护等。3D 打印技术在飞机行业的三个阶段的应用，如图 7-6 所示。

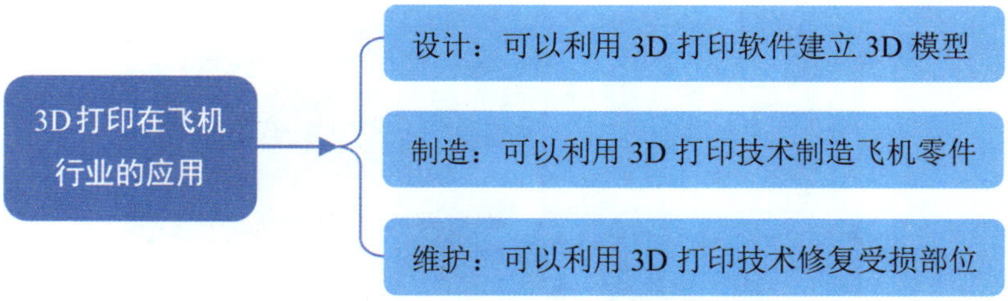

图 7-6　3D 打印在飞机行业的应用

目前，3D 打印在飞机制造行业应用技术是高性能金属构件激光成型技术。以合金粉末为原材料，然后通过激光熔化逐层堆积来完成制造的。该技术可以制造出复杂的结构件，而且能减少材料的浪费，节约了制造成本。

例如，在美国 F-22 飞机的制造过程中，传统工艺所需的原材料大大高于采用 3D 打印技术制造所需的原材料。图 7-7 所示为 F-22 飞机。

图 7-7　美国 F-22 飞机

进行 3D 打印制造一般只需要 3D 打印机即可。传统的制造方法需要多种制造设备才能完成，不仅制造工艺复杂，生产周期长，而且资源消耗大，制造效率低。

7.2　3D 打印与汽车的应用

3D 打印技术在交通工具领域的应用集中体现在汽车制造行业，许多利用 3D 打印技术制造出来的汽车零部件与概念车，让人们看到了未来 3D 打印业的繁荣。

7.2.1　首辆 3D 打印赛车

在一次大学生方程式大赛中，一辆全新的赛车吸引了人们的目光，这辆名为 Areion 的赛车是世界首量 3D 打印赛车，如图 7-8 所示。Areion 赛车的鲨鱼皮结构在行驶时能够减少阻力并增加动力，它的最高时速可以达到 140 公里，提速超快。

图 7-8　Areion 赛车

7.2.3　可自装的 3D 打印概念汽车

国外某汽车设计师，利用 3D 打印技术设计了一款 3D 打印概念汽车，如图 7-10 所示。

图 7-10　3D 打印概念汽车

这款 3D 打印概念汽车可以定制和自行组装，设计者制作该概念汽车的目的是为了利用创新思维和 3D 打印技术来满足用户的需求，还获得了汽车设计大奖。该 3D 打印汽车只是一个概念，但是在未来有可能够实现商用和量产，这种汽车设计思维和理念也会影响未来汽车行业的发展。

7.2.2　3D 打印奥迪车零部件

每个人都想拥有一辆自己制作的汽车，随着 3D 打印技术的发展，在未来，有可能会实现这个梦想。

奥迪汽车制造商目前已经开始利用 3D 打印技术来制造汽车的零部件，如图 7-9 所示。虽然，目前 3D 打印技术主要是用来制造汽车的零部件，但是汽车制造公司可以利用 3D 打印技术来测试新的零部件，以保证产品的稳定。同时，还可以创建精确的零件副本，制造出已经停产的配件，以服务老用户。

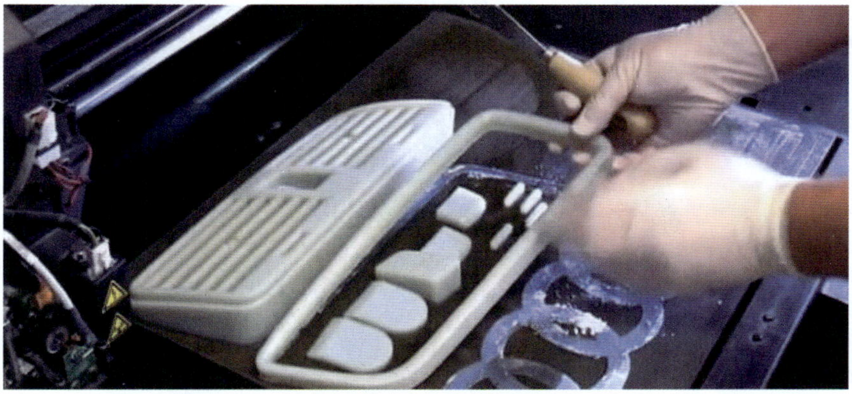

图 7-9　奥迪汽车制造商利用 3D 打印制造汽车零部件

7.2.4　3D 打印米其林轮胎

米其林是一家全球知名的轮胎制造商，利用 3D 打印技术制造了一款 3D 打印非充气轮胎，如图 7-11 所示。

图 7-11　米其林 3D 打印非充气轮胎

这款 3D 打印非充气轮胎有三个特点，如图 7-12 所示。

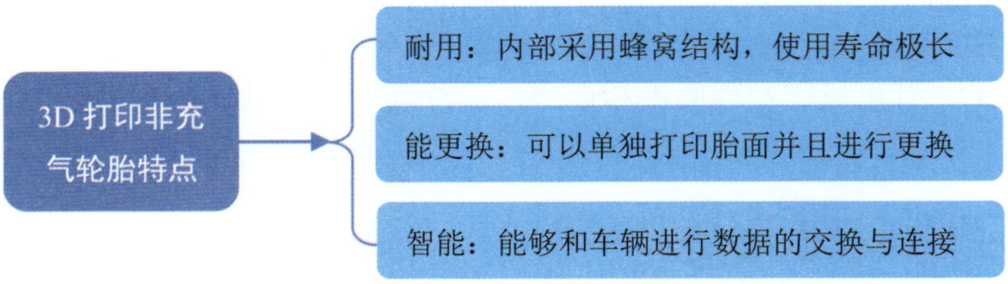

图 7-12　3D 打印非充气轮胎特点

7.2.5　LM3D Swim3D 打印汽车

在一次汽车 3D 打印大赛中，美国某汽车公司展示了一款名为 LM3D Swim 的 3D 打印汽车，如图 7-13 所示。该 3D 打印汽车的车身是由 ABS 塑料和碳纤维制成的，因此和普通汽车相比重量要轻。汽车公司凭借着这款 LM3D Swim 3D 打印汽车取得了大赛的冠军，并且它的售价为 53 000 美元，价格相当昂贵。

图 7-13　LM3D Swim 的 3D 打印汽车

7.2.6　3D 打印电机驱动外壳

保时捷是世界知名的汽车品牌，最近，利用 3D 打印技术制造了首款电机驱动外壳，如图 7-14 所示。

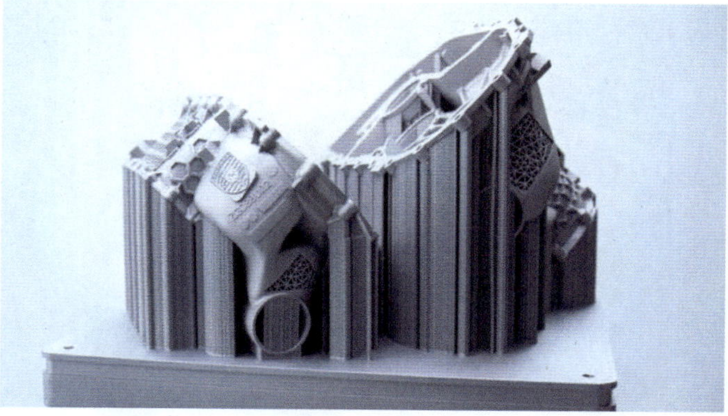

图 7-14　保时捷 3D 打印首款电机驱动外壳

这种 3D 打印电机驱动外壳是专门为电动跑车设计的，它使用铝合金粉末进行打印，不仅比传统制造方法打印的电机外壳的重量要轻，而且硬度也大幅提高。在增加功能和部件的同时，减轻了质量，优化了结构。

7.2.7　3D 打印进气歧管

福特汽车公司是世界著名的汽车生产商，该公司利用 3D 打印技术制造了 3D 打印进气歧管，如图 7-15 所示。

歧管属于发动机的一部分，是汽车或赛车非常重要的零部件，其作用是向气缸提供燃料和空气混合物。这根 3D 打印进气歧管使用铝合金粉末制造，质量为 6 千克。

图 7-15　福特汽车公司 3D 打印进气歧管

7.2.8　轻量化 3D 打印汽车

德国某汽车设计公司在日内瓦车展上，展示了一辆名为 Light Cocoon 的轻量化 3D 打印汽车，如图 7-16 所示。之所以称为轻量化，是因为这辆 3D 打印汽车的外壳每平方米的质量比 A4 纸还要轻，简直轻如鸿毛。该 3D 打印汽车采用背光设计，其设计灵感源自树叶的纹理。

图 7-16　Light Cocoon 的轻量化 3D 打印汽车

7.2.9　Strati 3D 打印汽车

Strati 是一辆可以进行驾驶的 3D 打印汽车，该车花了六天时间组装而成，并进行了试驾，如图 7-17 所示。该 3D 打印汽车的外观和跑车非常相似，外壳是黑白皮革设计，给人一种塑料的感觉。Strati 汽车的挡泥板是单独打印出来的，如果挡泥板损坏就不用换掉整个底盘了。还采用了红色的汽车座椅和摩托车的轮胎，最高时速能达到 50 英里。

图 7-17　Strati 3D 打印汽车

7.2.10　3D 打印双座跑车

美国能源部的研究人员利用 3D 打印技术，制造出了一辆福特 Shelby Cobra 跑车，如图 7-18 所示。这辆福特 Shelby Cobra 跑车是通过分别打印汽车部件，然后组装而成的，总共耗时六个星期。经过测试，该 3D 打印跑车的速度能达到每小时 128 千米，加速到 100 千米每小时需要 8 秒，采用 3D 打印技术大大缩短了其制造周期。

图 7-18 3D 打印福特 Shelby Cobra 跑车

7.3 3D 打印与飞机的应用

除了 3D 打印地面上的交通工具，设计师们已经制造出了能够飞行的飞机，其中不仅有飞机零件与配件，还有各类飞机模型，甚至包括整架飞机。

7.3.1 3D 打印无人机

美国某大学研究人员利用 3D 打印技术制作了一架 3D 打印无人机，如图 7-19 所示，其速度可以达到每小时 45 英里。

该 3D 打印无人机是由 3D 打印的零件用时四个月的时间组装而成的，其机翼宽 6.5 英尺，制造成本一共花费约 2 000 美元。

图 7-19 3D 打印无人机

7.3.2 3D 打印扑翼飞机

日本扑翼机厂商利用 3D 打印技术制造了一款 3D 打印扑翼机，它的外观非常像蜻蜓，如图 7-20 所示。扑翼机指的是可以和鸟类、飞行昆虫那样上下振动翅膀的航空器。该 3D 打印扑翼机的扑翼是由橡胶带和塑料羽翼做成的，还加入了远程遥控，重量很轻，只有不到十克。

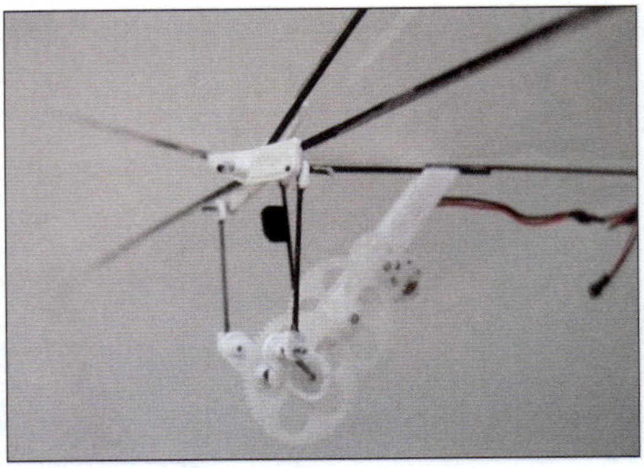

图 7-20　3D 打印扑翼飞机

7.3.3　3D 打印轻型无人直升机

某开发团队联合某 3D 打印技术领导者，共同开发出了一款 3D 打印轻型无人直升机，如图 7-21 所示。该 3D 打印无人直升机是采用激光烧结 3D 打印技术制作而成的，这不仅提高了无人直升机响应的速度，还提升了其灵敏度和精度。

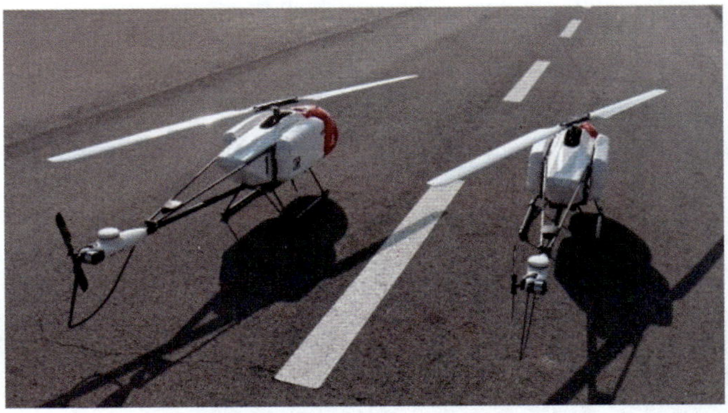

图 7-21　3D 打印轻型无人直升机

7.4　3D 打印与其他交通工具

3D 打印技术在汽车与飞机领域的应用，显示了其强大生命力，同时也为自行车、摩托车等交通工具的制造开辟了先河。

7.4.1　3D 打印自行车坐垫

捷安特是世界著名的自行车品牌，公司遍布中国、美国和日本等地。捷安特拥有近五十年的生产各类自行车经验，致力于用心打造每一个零件。如图 7-22 所示为捷安特自行车。

捷安特通过 3D 打印技术来制造自行车垫，如图 7-23 所示。在生产的过程中，采用两种不同的工艺制作模型进行测试，最终确定产品。和传统的工艺制造方法相比，捷安特采用 3D 打印技术既能节约成本，又能提高生产效率。

图 7-22　3D 打印捷安特自行车

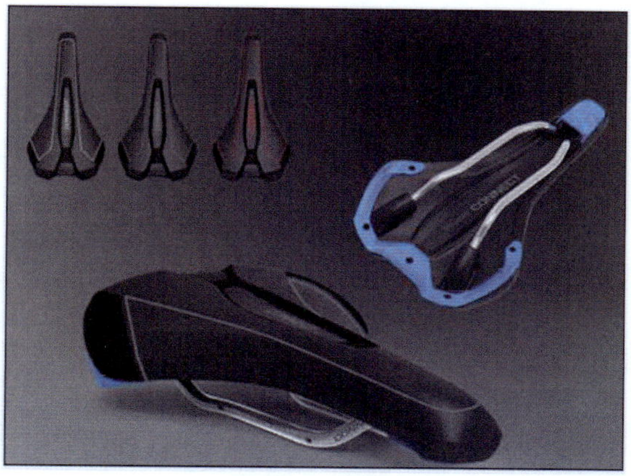

图 7-23　捷安特 3D 打印自行车坐垫

7.4.2　首辆 3D 打印自行车

Airbike 是世界上第一辆 3D 打印自行车，也是一辆空气自行车，如图 7-24 所示。空气自行车就是用尼龙纤维材料，制造非常坚硬又轻便的自行车。

自行车打印方法：首先，在电脑上设计出自行车的模型。其次，将设计模型发送到打印机，打印机用激光束把铺好的尼龙粉末熔化。最后，再覆盖一层新的粉末，通过重复操作和逐层叠加的方式将自行车打印出来。Airbike 空气自行车并不是由各个零件组装而成的，而是一次性 3D 打印出来的，从而减少了材料的消耗，并且车身的质量也大为减轻。

图 7-24　Airbike 3D 打印空气自行车

7.4.3　首款 3D 打印摩托车

随着 3D 打印技术的愈发成熟，其在交通工具领域的应用也越发深入，打印出的交通工具也越来越复杂。这款 3D 打印的摩托车名字叫 Light Rider（圣光骑士），如图 7-25 所示，也是全球首款 3D 打印摩托车。

该 3D 打印摩托车的车架是用航空航天级别的铝合金制造的，兼具铝合金的耐腐蚀性和钛金属的延展性。整体质量为 35 千克，有 6 000 瓦特的功率，可以在短短几秒钟的时间内加速到 80 千米每小时。

图 7-25　3D 打印 Light Rider（圣光骑士）

7.4.4　3D 打印医院船模型

3D 打印技术能够让人类快速打印出精准、低成本的海军舰船模型。例如，美国海军水面作战中心利用 3D 打印技术打印了一艘医用船模型，如图 7-26 所示。和普通技术相比，通过 3D 打印技术制造舰船模型能够减少其成本和组装的时间。制作 3D 打印医用船模型还需要对模型的细节进行处理，才能达到制造标准。

图 7-26　3D 打印医用船模型

> ▶ 专家指点
>
> 医用船是专门用来救治伤病员和海上遇险者的辅助舰船，是一种特殊的交通工具，无论何时何地都不能攻击和俘获，受国际法律和世界各国的尊重和保护。

7.4.5　3D 打印车把手

在奥运会上，法国自行车队使用了 3D 打印车把手的自行车，该 3D 打印车把手采用轻型的铝制材料制作而成，如图 7-27 所示。

图 7-27　3D 打印车把手

该 3D 打印车把手的内容融入了晶格结构，从而提高了车把手的强度，减轻了自行车的重量。正因为它的这些优点，所以法国运动员才赢得了意大利的比赛。

7.4.6　3D 打印自行车架

意大利 Eurocompositi 设计工作室利用 3D 打印技术制造了一款 3D 打印自行车车架，该车架是用 PLA 材料制成，如图 7-28 所示。

图 7-28　3D 打印自行车架

这款 3D 打印自行车架不仅非常耐用，而且十分环保。采用可生物降解的材料制作的自行车框架，可能会改变未来自行车的制造方式。该自行车架还获得了 Eurobike 产品设计金奖。

7.4.7　3D 打印划艇

某工程师利用 3D 打印技术制作了一艘 3D 打印划艇，这也是世界上第一艘完全由 3D 打印机打印的划艇，如图 7-29 所示。

图 7-29　世界上第一艘 3D 打印划艇

这艘 3D 打印划艇长 5 米左右，采用 ABS 等材料制作。整艘划艇由 28 块零部件组成，并在零部件上涂抹了防漏硅树脂，以保证其密封性。它还安装了摄像头和手柄，制作该 3D 打印划艇总共花费 500 美元。

本章小结

本章主要介绍了 3D 打印在交通工具方面的应用。通过本章的学习，读者应了解 3D 打印与交通工具的基本知识，3D 打印在交通工具的应用案例；掌握 3D 打印在汽车和飞机方面的应用案例，包括首辆 3D 打印赛车、3D 打印米其林轮胎等，3D 打印无人机、3D 打印扑翼飞机等。

本章习题

1．3D 打印在飞机行业的应用有哪些方面？
2．3D 打印米其林轮胎的特点是什么？

第 8 章 3D 打印在生物科技中的应用

本章导读

生物医疗领域是 3D 打印应用的主要领域之一，在器官和器械等方面都有应用，并推动了医学研究和医疗技术的发展和进步。本章主要介绍 3D 打印与医疗行业的相关内容，包括生物 3D 打印机、3D 打印医学模型等。

本章重点

- 3D 打印与医疗行业
- 3D 打印在医疗行业的案例

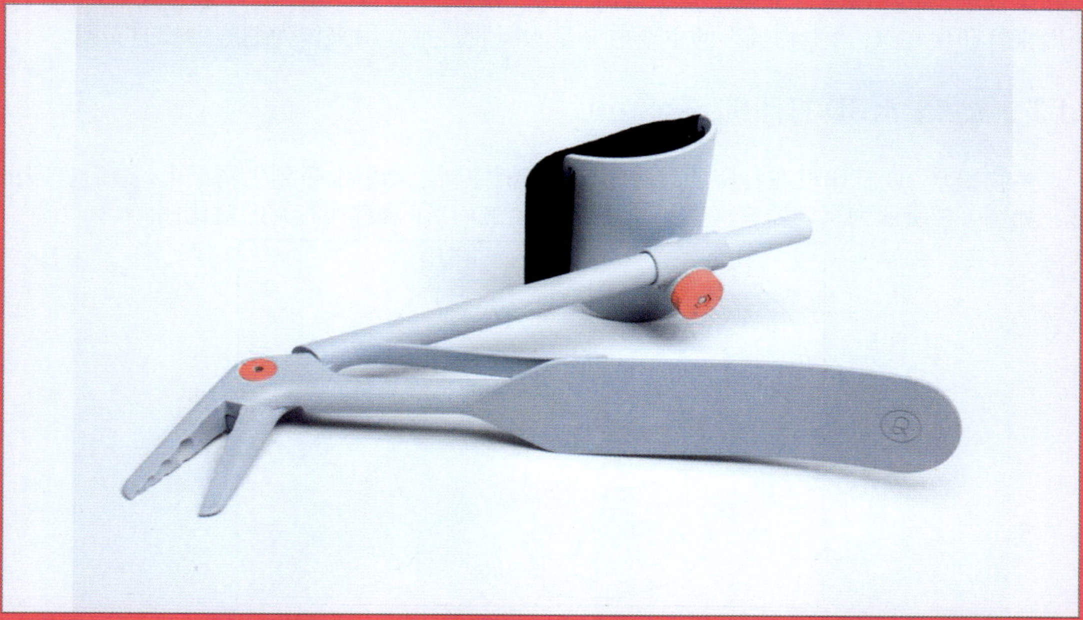

8.1 3D 打印与医疗行业

随着 3D 打印技术的发展，其应用领域的范围也在不断扩大，从工业制造到生物医疗。本节主要介绍 3D 打印和生物医疗领域的相关内容。

8.1.1 3D 打印进入医疗领域

3D 打印技术在医疗领域的很多方面都有应用，比如 3D 打印血管、3D 打印耳朵和 3D 打印的骨骼等，如图 8-1 所示。3D 打印骨骼可以被用于骨科、牙科治疗等方面。此外，3D 打印技术还可以为那些脸部严重受损的人恢复容颜。

长期以来，医学研究人员投入了大量的资源来解决移植器官不足的问题，而 3D 打印技术的出现，让器官移植研究取得了突破性的进展。如图 8-2 所示为生物 3D 打印机。

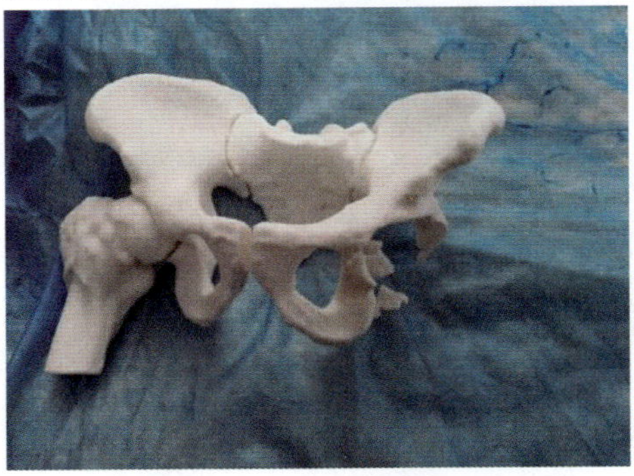

图 8-1 3D 打印骨骼

图 8-2 生物 3D 打印机

生物 3D 打印机和别的 3D 打印机不一样的是，它的原材料不是塑料和金属，而是生物墨水和生物纸，来打印器官组织。生物 3D 打印机一般有两个打印头，一个放置人体细胞，另一个用来打印生物纸。“生物纸”的主要成分是水凝胶，主要用来作为细胞生长的支架。

8.1.2 生物墨水 3D 打印机

生物墨水 3D 打印机在打印的过程中，计算机控制生物墨水喷到生物纸上，最后打印出器官。如图 8-3 所示为真实器官（左）与生物墨水 3D 打印器官（右）的对比图。

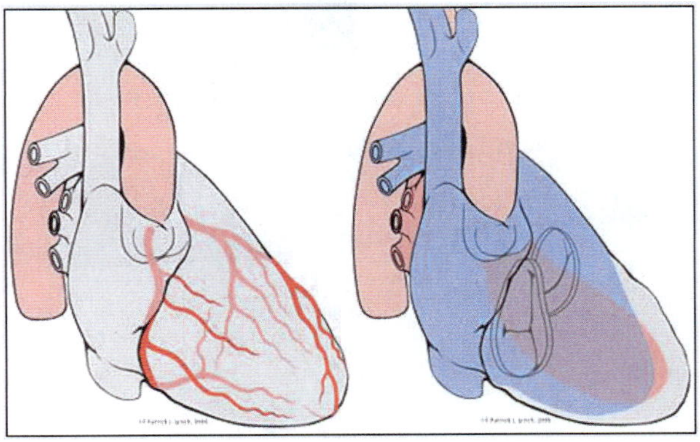

图 8-3 真实器官与生物墨水 3D 打印器官对比

美国某大学教授曾利用生物墨水 3D 打印机打印出了人类的肾脏，打印具体步骤如图 8-4 所示。

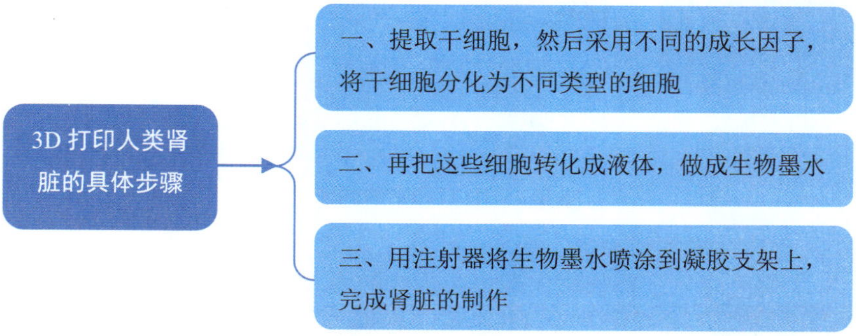

图 8-4　3D 打印人类肾脏的具体步骤

8.1.3　3D 打印医用药物

3D 打印不仅应用在生物器官打印上，在医用药物方面也有所涉及。例如，某两位设计师联合设计了一个叫做“数字药品（DIGIMEDIC）”的项目。将药品配方转化为二进制信息，然后按照医生的诊断情况为患者提供 3D 打印的药物，并且按需打印。从而实现了药品零库存，将 3D 打印技术和制药技术完美地结合在一起。如图 8-5 所示为“数字药品（DIGIMEDIC）”。

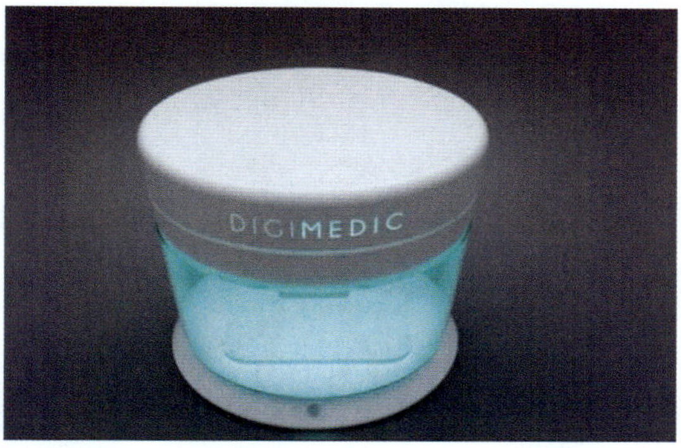

图 8-5　数字药品（DIGIMEDIC）

有了 3D 打印制药以后，治疗病人和患者的步骤就简单了许多。3D 打印药物的治疗过程如图 8-6 所示。

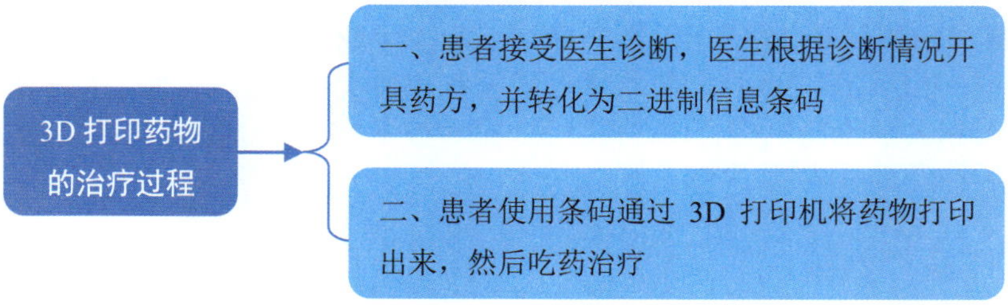

图 8-6　3D 打印药物的治疗过程

为了更加方便地治疗，设计师还设计了两种不同的使用场景：一种是针对个体医生而言的，如诊所；另一种是针对医院等公共场所，具体内容如图 8-7 所示。

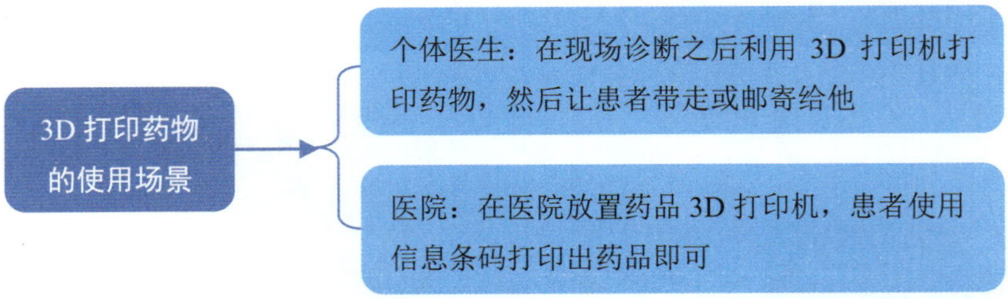

图 8-7　3D 打印药物的使用场景

3D 打印药物让按需制药成为了现实，解决了药品的库存问题，而且有利于提高医生诊断的准确性，并大幅度降低了药物制作和患者治疗的成本和费用。

▶ 专家指点

在手机程序中加入 3D 打印药物指南，并提前准备好 3D 打印药物的材料，这样可以改善偏远地区的医疗条件，给他们带去急需的药品。

8.1.4　3D 打印医学模型

3D 打印技术应用于医学模型是医疗行业的一大进步，在以前，定制生物实体模型是一项非常耗费时间和精力的事情，不仅速度缓慢，而且价格昂贵。通过 3D 打印来定制生物实体模型，不仅效率高，成本低，而且制作的模型精度更高，更加逼真。如图 8-8 所示为 3D 打印医学模型。

图 8-8　3D 打印医学模型

3D 打印医学模型，可以帮助训练医生，能够为医生做手术前提供准备，还可以准确模拟人体部位，改善其培训体验。在利用 3D 打印技术制作生物实体模型时，需要先把扫描的数据转换为图像数据，然后使用 3D 打印机将图像数据打印成实体模型，并保证模型的精度。例如，马来西亚某公司和大学研究机构合作，利用 3D 打印技术制作了仿真多材料生物实体模型，并用该模型模拟了神经外科内镜手术。

8.1.5　3D 打印医疗器械

医疗器械所包含的范围非常广泛，比如保健器材、医疗康复设备和护理设备等。随着 3D 打印在医疗领域应用的不断深入，越来越多的企业开始采用 3D 打印技术来设计和生产医疗器械，以便提高产品更新的效率，提升产品质量，并降低成本，如图 8-9 所示。

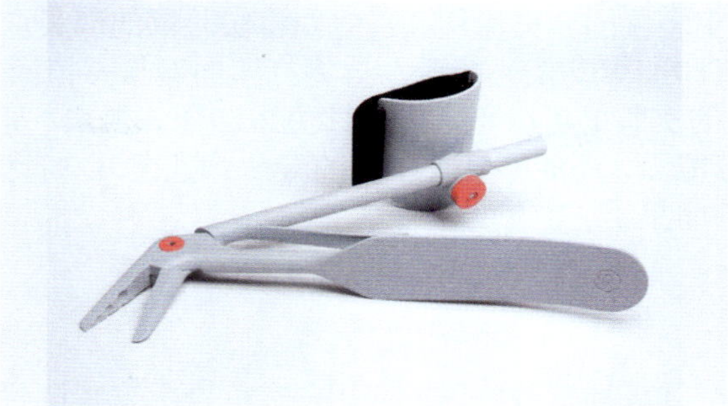

图 8-9　3D 打印医疗器械

8.1.6　3D 打印医疗工程服务

某公司在日本提供了一项 3D 打印医疗工程服务，这项服务的内容是按照图像数据来制作 3D 人体模型，并由专业的医生来加工医疗机构提供的数据，其服务对象是想利用 3D 人体模型进行模拟手术和培训的医疗机构。

这种 3D 人体模型的特点是可同时采用两种材料进行制作，如果其中一种材料用的是透明材料的话，便可以制作从外面看到人体内部的模型。使用两种硬度不同的材料，还可以制作出不同部位不同触感的人体模型。例如，日本某大学附属医院利用该 3D 人体模型，提高了手术的精准度，成功地完成了多个手术。

8.2　3D 打印在医疗行业的案例

3D 打印技术可以打印出各种生物器官和医疗器械，并能改善医疗研究和服务的方式。本节主要介绍 3D 打印在医疗行业的案例。

8.2.1　3D 打印卵巢

3D 打印技术使得“再生医学”的研究取得了突破性的进展，如果生物的某个器官损坏，就可以打印出来一个全新的器官进行更换。例如，某大学的科学家们利用 3D 打印技术打印实验鼠的卵巢，如图 8-10 所示。

图 8-10　3D 打印实验鼠的卵巢

3D 打印技术打印实验鼠的卵巢流程：首先，将实验鼠的卵巢取出。其次，用明胶（软组织的一种生物材料）打印卵巢支架。最后，再将打印的卵巢移植回实验鼠的体内。实验结果证明，用 3D 打印卵巢的实验鼠可以正常怀孕并生下幼仔。未来，卵巢 3D 打印技术不仅可以帮助女性重新获得生育能力，还能够延长生物的寿命。随着 3D 打印技术的发展，在不久的将来，就可以打印人类的卵巢了。

8.2.2 3D 打印石膏

3D 打印石膏在各个领域都有着广泛的应用，它可以用来制造建筑模型，也可以用来制作医疗设备，还可以用来打印 3D 人像或人物模型，如图 8-11 所示为 3D 打印石膏。

传统的医疗石膏闷热瘙痒，治疗效果慢，某工业设计师设计了一款用 3D 打印石膏制作的手臂固定器，如图 8-12 所示。该手臂固定器不仅可以加速患者的康复速度，还可以量身定制，贴合但不闷，并且其材质可以回收，有利于环保。

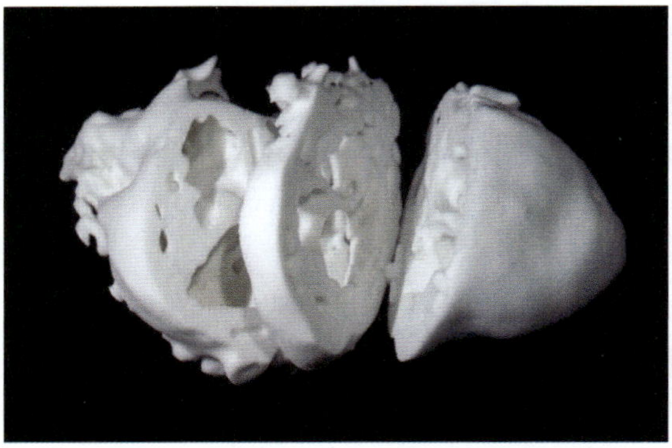

图 8-11　3D 打印石膏

图 8-12　3D 打印手臂固定器

8.2.3 3D 打印假肢

3D 打印技术不仅可以做出手臂固定器，还可以打印假肢。例如，某设计师利用 3D 打印技术打印镂空外骨假肢，如图 8-13 所示。制作 3D 打印假肢流程：首先，扫描患者完整的腿。其次，复原出残缺的腿部模型。最后，打印出来。该假肢是镂空的，但形状和真腿保持一致，所以假肢和身体的连接处也比较舒服。

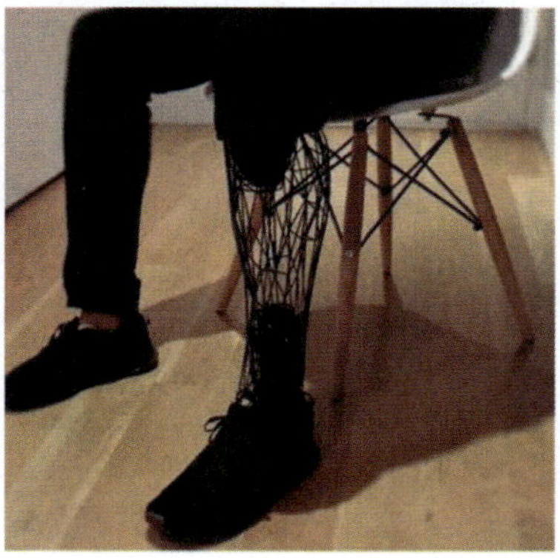

图 8-13　3D 打印镂空外骨假肢

8.2.4　3D 打印心脏

2019 年 4 月，以色列某大学的研究人员利用患者的身体组织，通过 3D 打印的方法，打印出了世界上第一颗完整的心脏，如图 8-14 所示。

图 8-14　3D 打印世界上第一颗完整的心脏

这颗 3D 打印的心脏不仅拥有完整的外形和组织结构，还可以像正常心脏一样收缩跳动。由于打印的原材料来自患者本身，这就有利于解决器官移植而导致的排异问题。

8.2.5　3D 打印挽救婴儿生命

美国密歇根州有一个名为卡伊巴的婴儿，只有两个月大的他因为患有气管支气管软化，导致气管坍塌，氧气无法顺畅的进入肺部，随时面临窒息的危险。因为这种病，他会定期停止呼吸，每天都需要医生复苏。

为了彻底解决卡伊巴的难题，他的主治医师霍利斯特决定，给他植入一个 3D 打印气管来支持正常呼吸。首先，对卡伊巴的胸部进行 CT 扫描，根据扫描的气管图打印一个数字模型。其次，用激光 3D 打印机把这个数字模型转换成聚已酸内酯做的气管，如图 8-15 所示。

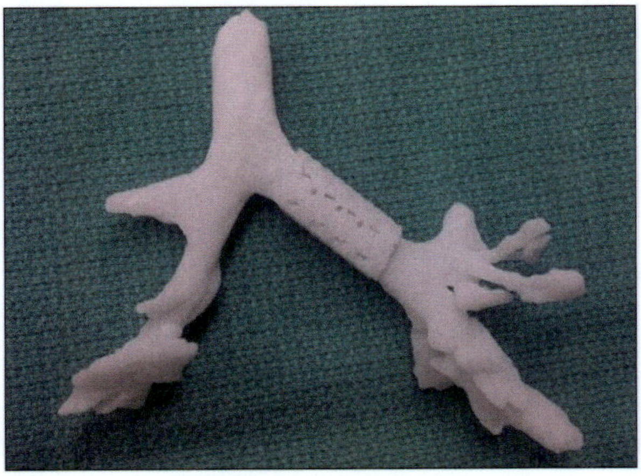

图 8-15　3D 打印聚已酸内酯气管模型

最后，通过外科手术，把聚已酸内酯做的气管缝进孩子的呼吸道，这样卡伊巴的支气管就被撑开了，而且它将作为一个支架一直伴随着卡伊巴软骨增长。2～3 年后，这些具有生物相溶性的聚合物可以融进孩子的身体，跟气管完全结合。

8.2.6 3D 打印人体仿生耳

美国某大学的科学家利用 3D 打印技术制造了一种带有天线的 3D 软骨耳朵，如图 8-16 所示，它能接收到人所听不到的无线频率。

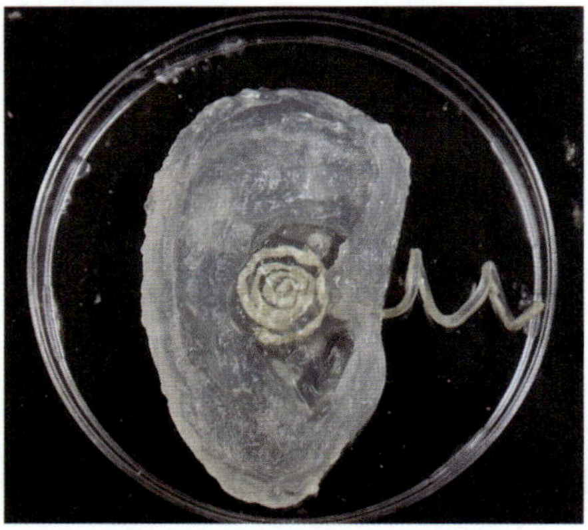

图 8-16 3D 打印带有天线的软骨耳朵

3D 打印仿生耳完美地将电子材料和生物材料相融合，拥有人耳的软骨结构，内置旋转天线。该 3D 打印仿生耳不仅能帮助病人提高和恢复听力，而且还能接收无线电波。

8.2.7 开创药物研发新革命

在电影《我不是药神》中，许多白血病患者因为吃不起天价的正版药而导致倾家荡产，这是因为药物的研发和制造成本非常昂贵，而 3D 打印的出现改变了这种情况。

例如，某实验室的科学家通过 3D 打印技术研发了，一种更加便捷的抗癌药制作方法。利用软件设计药物的 3D 模型，然后选定药物的功能，利用自主装 DNA 制作出分子级药物。这种设计和制作药物的过程只需要几个星期，如图 8-17 所示为自主装 DNA。科学家还将 3D 打印技术应用在疫苗的开发上，研究基因信息的疾病。

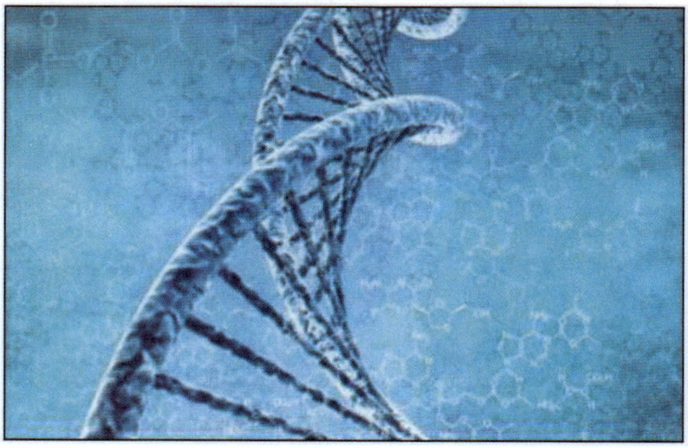

图 8-17 自组装 DNA

8.2.8　3D 打印胚胎干细胞

英国的研究人员通过 3D 打印技术打印了人体胚胎干细胞，且存活率非常高，如图 8-18 所示。这种 3D 打印的干细胞可以用于制造骨髓、皮肤和器官，并且不需要捐献器官，还能解决器官移植的排斥问题。

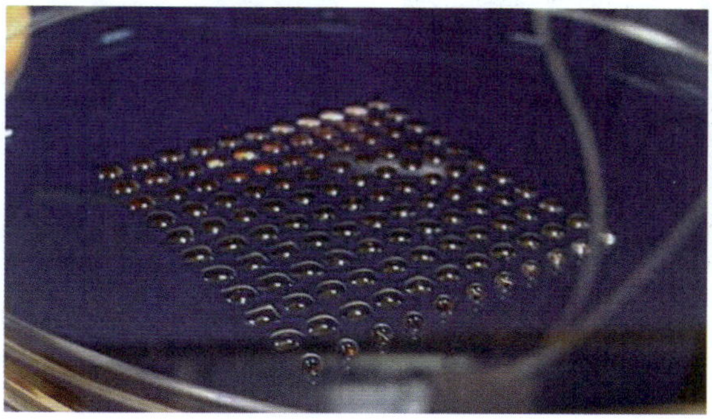

图 8-18　3D 打印人体胚胎干细胞

3D 打印胚胎干细胞的基本原理是利用 3D 打印机喷出“墨水”，然后更改喷口额直径，以便调整速度，实现精确控制。在 3D 打印机上能通过显微镜观察干细胞的打印情况。此外，3D 打印机还可以精准地控制飞沫大小，从而让干细胞分化达到最佳状态。如图 8-19 所示为打印胚胎干细胞的 3D 打印机。

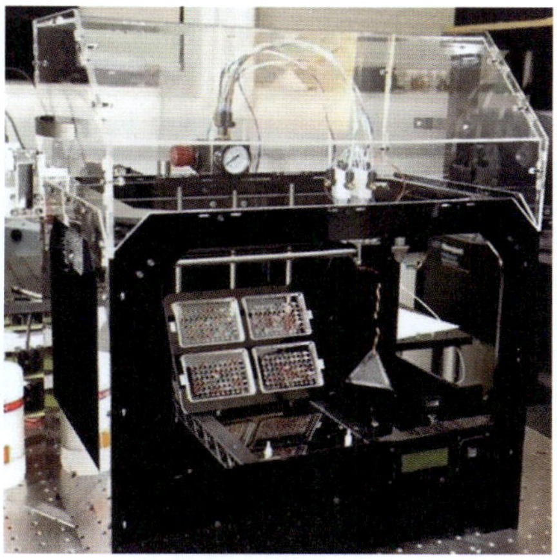

图 8-19　胚胎干细胞 3D 打印机

▶ 专家指点

3D 打印胚胎干细胞拥有巨大的应用前景，有利于制造更加精准的人体组织模型。在不久的将来，有可能利用病人自己的干细胞制造器官以供使用。

8.2.9　3D 打印人体骨骼

瑞士某科学家通过 3D 骨骼打印机精准地打印了人的拇指骨骼，如图 8-20 所示。该 3D 打印人体骨骼是通过对复制的骨骼进行 3D 成像，然后输入到 3D 打印机制造出来的。它含有很多个微孔，骨骼细胞被放置在里面并培育生长，3D 打印人体骨骼为医生更换病人的受损骨骼提供了新的方法。

例如，某研究小组花了九个月的时间培养出了男性的下颌骨，如图 8-21 所示，这证明了干细胞能够从自身的细胞中培养而成。

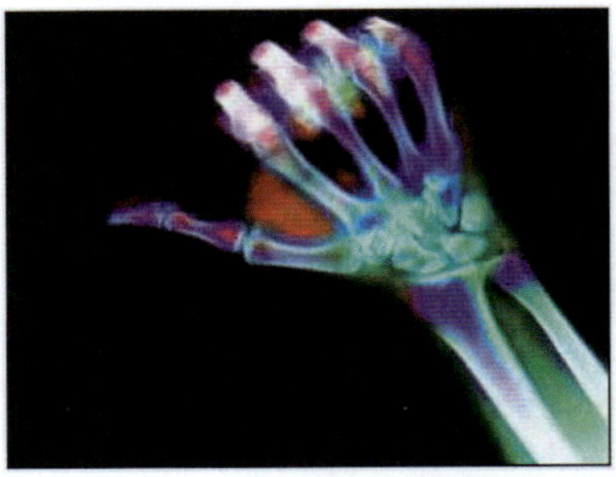

图 8-20　3D 打印拇指骨骼

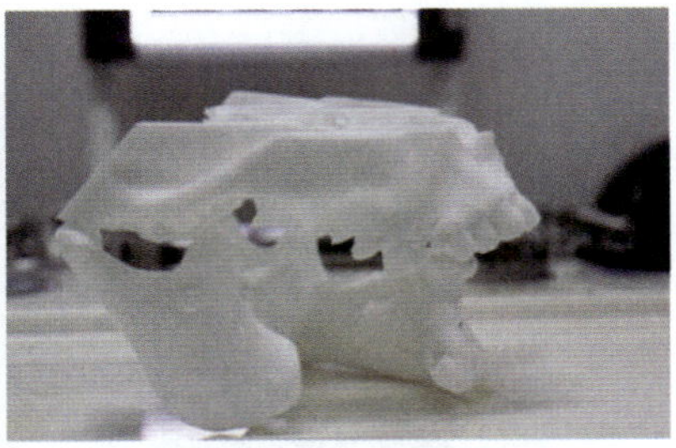

图 8-21　3D 打印男性的下颌骨

8.2.10　3D 打印人工软骨

关节是人体的承载组织和运动器官，其病变和损伤直接影响人的运动，但关节软骨自身修复的能力极差，一旦软骨收到损伤，就会出现如关节炎等疾病。运动时患者会感觉疼痛，甚至失去运动能力。关节软骨的主要作用有以下三点，如图 8-22 所示。

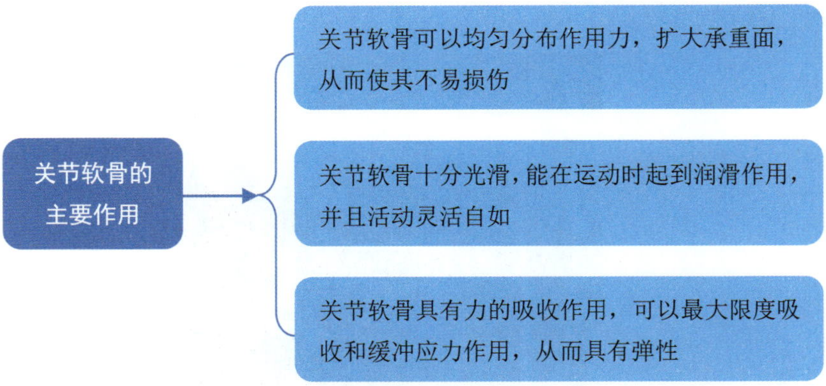

图 8-22　关节软骨的主要作用

软骨是由软骨组织和软骨膜组成，常见的软骨就是膝盖软骨，这也是人体中最容易磨损的地方，如图 8-23 所示。

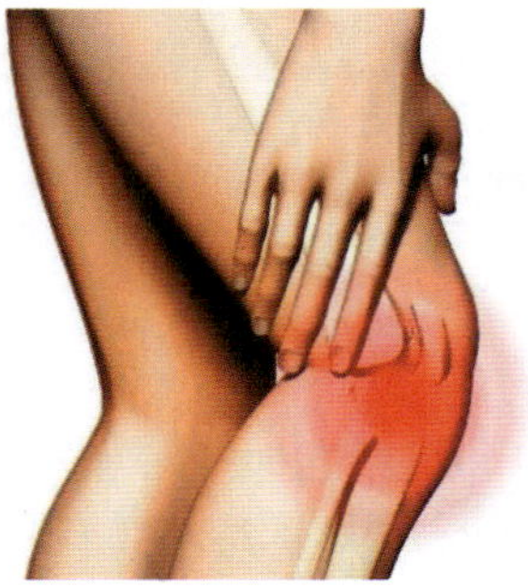

图 8-23　人体膝盖软骨

目前还没有可行方法制造人工替换软骨，这也是限制许多专业运动员的壁垒。因为长跑运动员或是篮球运动员的关节软骨磨损非常厉害，软骨磨薄之后，随之而来的就是各类关节疾病。直到 3D 打印的出现，才解决了这个难题。

墨尔本研究人员通过 3D 打印技术研制出了人工软骨，用来治疗和更换损伤的软骨。该 3D 打印软骨是从病人的干细胞中提取组织，利用 3D 打印技术建立三维支架，再在三维支架里面培养软骨细胞并使其生长，从而使其变成膝盖软骨。这种 3D 打印软骨将用于软骨修复手术中，但其效果可能只能维持两三年，因为该 3D 打印软骨缺乏自身组织的血液供应。

8.2.11　3D 打印人工膝关节

目前，市场上的人工膝关节大多是由传统制造方法生产的，通常和患者膝关节的形状大小尺寸并不完全一样，从而导致患者行走时会时常感觉不舒服。美国某公司利用 3D 打印技术研发了一种人工膝关节，如图 8-24 所示，可以为患者进行量身定制。

通过 3D 成像技术拍摄患者的膝关节，利用 3D 打印技术打印，其形状大小和原来的膝关节完全一致，并且还获得了产品奖项证书。因此，患者在更换了这种 3D 打印人工膝关节后不会再感觉不舒服。

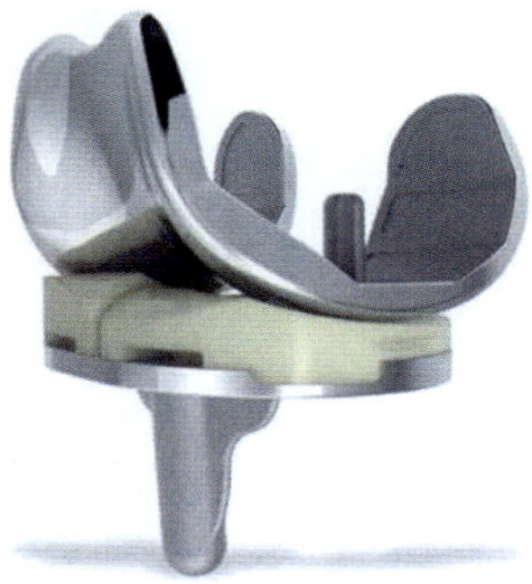

图 8-24　3D 打印人工膝关节

8.2.12　3D 打印仿真皮肤

英国某大学的研究者利用 3D 打印技术研制出了仿真皮肤，如图 8-25 所示。研究者们还开发了一个能够让 3D 打印皮肤和个体皮肤相匹配的系统，用于收集各种皮肤数据，在系统数据的基础上，打印和制作出要移植的皮肤。

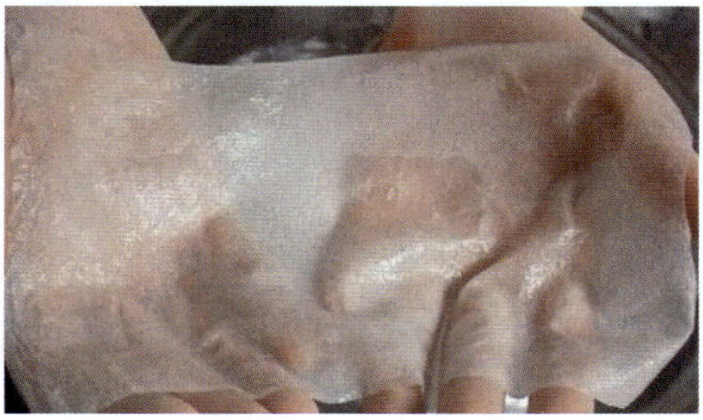

图 8-25　3D 打印仿真皮肤

8.2.13 3D 打印仿生机械拇指

手指是人类进行劳动的重要器官之一，英国皇家学院的一名学生利用 3D 打印技术，制造出了 3D 打印仿生机械拇指，如图 8-26 所示。该 3D 打印仿生拇指既可以作为普通人的第三根拇指使用，也可以提供给残疾人使用，它通过蓝牙来控制力度和角度，以便提高人的动手能力。

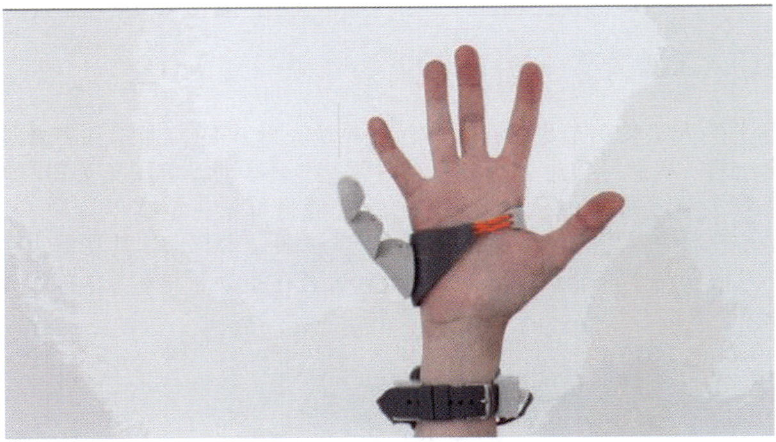

图 8-26 3D 打印仿生机械拇指

8.2.14 3D 打印助乌龟重获新生

某动物保护组织利用 3D 打印技术，帮助一只因烧伤失去龟壳的乌龟重新打印了一副龟壳，如图 8-27 所示。技术人员重新设计了新龟壳的模型，并且还绘制了纹路图案。另外，该组织还通过 3D 打印技术救助了许多动物。

图 8-27 3D 打印龟壳

本章小结

本章主要介绍了 3D 打印在医疗行业应用的相关内容。通过本章的学习，读者应了解 3D 打印与医疗行业的基本知识，包括生物墨水 3D 打印机、3D 打印医用药物和 3D 打印医疗器械等；掌握 3D 打印在医疗行业的应用案例，包括 3D 打印生物器官和组织等。

本章习题

1．关节软骨有哪些作用？
2．3D 打印药物治疗的过程是什么？

第9章　3D打印在工业制造中的应用

本章导读

工业制造是3D打印应用的最多的行业和领域，其应用领域所占的比例也是最大的。现在，已经有一部分的产品生产和制造是由3D打印来完成。本章主要介绍3D打印在工业制造方面的应用，包括模具制造、家电制造和玩具制造等。

本章重点

- 3D打印与制造行业
- 3D打印在模具制造的应用
- 3D打印在家电制造的应用
- 3D打印在玩具制造的应用

9.1　3D 打印与制造行业

3D 打印技术是推动第三次工业革命的重要力量，它改变了制造业的生产方式，减少了工厂的人力成本。其定制化和高效节能的生产优势，能更好地适应产品生产的要求。本节主要介绍了 3D 打印与制造业的相关内容。

9.1.1　3D 打印推动工业革命

工业革命改变了社会的生产方式，促进了国家的变革和发展，而 3D 打印的出现，推动着工业革命继续前进。

传统的工业生产方式虽然能够大规模生产，但是这些产品都是按照同一个标准制作出来的，千篇一律。而随着人们生活水平的日渐提高，其需求越来越追求个性化，因此手工制作的产品更加受人青睐。但手工制作的方法有着明显的不足，那就是制作效率不高，非常耗时间。3D 打印技术兼有两者的优势，既能够满足人们的个性化需求，又能大幅度提高产品的生产效率。如图 9-1 所示为 3D 打印制造的个性化产品。

图 9-1　3D 打印制造的个性化产品

3D 打印的发展时间并不长，但是它拥有巨大的价值和前景，能够改变传统的产品生产模式，并且推动着每个应用领域的发展。

由于 3D 打印的发展还处于初级阶段，因此要想代替现有的生产制造模式还需要一定的时间，3D 打印面临的挑战，如图 9-2 所示。

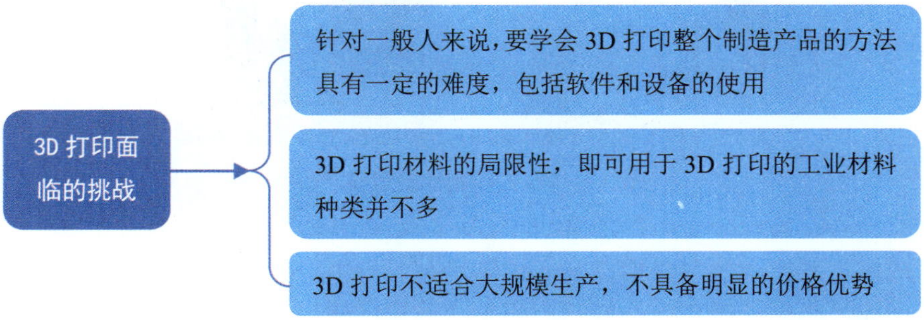

图 9-2　3D 打印面临的挑战

9.1.2 3D 打印决定制造业的未来

如今，3D 打印已经应用到了各种产品的制造中，如汽车、飞机零件、军事武器和医疗设备等。在西方国家，3D 打印技术已经应用到了空间飞行器的研发上；而国内，各大高校和科研机构也开发了多种类型的 3D 打印机。

在资本市场，3D 打印相关企业的投资也非常火热。事实证明，3D 打印技术对制造行业产生了重大的影响，而且引发了连锁反应。专家甚至认为，谁能够最大限度地开发和应用 3D 打印技术，谁就掌握了制造业发展的未来。

9.1.3 3D 打印能实现低碳制造

3D 打印机作为一个消耗品，在所参与的整个过程中会消耗大量的资源，所以低碳打印应运而生。低碳打印指的是打印机的整个生命周期，很少有温室气体排放的打印行为，从而既满足了市场消费的需求又实现了低碳环保。

3D 打印遵循的便是低碳打印的理念，低碳意味着环保、节省和高效。在制造业中，低碳代表着一种更有效节能的设计生产方法。

曾经有研究人员对传统制造业与 3D 打印技术做出评估，测量了制造过程的每个方面对环境的影响，包括能源消耗、制造过程产生的废料、运输网络等，最终得出的结论是两者各有优劣，但是 3D 打印在用料与碳排放方面拥有传统制造业不能比拟的优势。

▶ 专家指点

低碳生产是为了建立低能耗、低污染的生产体系，从而减少温室气体的排放。

9.1.4 3D 打印制造用材更节能

材料的限制是 3D 打印技术发展所面临的挑战之一，由于 3D 打印材料选择的多样性，3D 打印才能够使用多种不同的材料。3D 打印材料选择更加广泛，比如塑料、金属、陶瓷和复合材料等。如图 9-3 所示为 3D 打印制作的塑料产品。

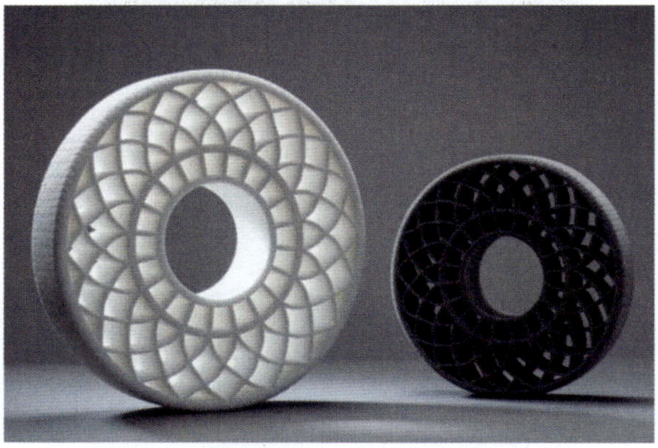

图 9-3　3D 打印制作的塑料产品

其中塑料在众多材料选择中位居首位。首先，塑料价格便宜，易于加工，可以很大程度上节省制造成本；其次，塑料长期以来一直作为大规模生产的原材料，从制造最简单的瓶子到复杂昂贵的船体都能使用塑料；最后，对于细节要求高和耐久性强的产品，塑料也是一个很好的选择。

9.1.5　3D 打印实现变废为宝

塑料污染是一个非常严重的环境问题，每年有大量的塑料垃圾流入海洋，这也是许多生物死亡的原因。

为了解决塑料环境的问题，某组织重新定义塑料垃圾的解决方案，利用 3D 打印技术将回收的塑料转化为日常用品，并且用钱从穷人手中收购塑料，组织所得的收入也用来帮助穷人。该组织还建立了塑料回收工厂，以便更好地回收塑料垃圾，帮助人们摆脱贫困。

9.1.6　3D 打印降低生产成本

比利时梅洛特公司是欧洲第一个使用 3D 打印机技术进行生产的企业，可以说是 3D 打印技术应用的先驱者。

3D 打印技术对于生产企业而言，能够大大降低生产成本，提高材料的利用率，减少环境污染。同时，还可以让用户按照自己的需求量身定制产品。如图 9-4 所示为梅洛特公司利用 3D 打印制作的钛金属镜框和蜂鸟工艺品。

图 9-4　梅洛特公司 3D 打印钛金属镜框和蜂鸟工艺品

在制作该产品的过程中，利用电子制图、激光扫描等技术来溶化金属粉等材料，然后根据电子模型图将材料重新进行叠加，最后打印出实体。这种制造方法不仅节约了产品制作的时间，还能够打印出更加复杂的产品。

在相同材料的情况下，3D 打印技术制造零件的生产效率是传统方法的三倍以上。例如，该公司为中国某纺织厂打印纺织机的轴承，利用 3D 打印技术制造该轴承只需要一天，而传统工艺方法则需要三天半。

因为可以直接在客户方所在的工厂进行打印制造，因此节省了物流运输环节的时间，从而大幅度降低了产品的成本。3D 打印技术可以按照客户需求定制产品，还能够直接的在其所在地进行打印，从而解决了产能过剩和运输成本的问题。

9.1.7　3D 打印云制造服务

云制造是通过整合社会制造资源，以便提供各种制造服务。而 3D 打印云制造服务就是利用网络平台向用户提供 3D 打印产品定制的服务，用户只需要 3D 模型文件，确定好价格之后下单付款即可。如图 9-5 所示为 3D 打印云制造服务流程。

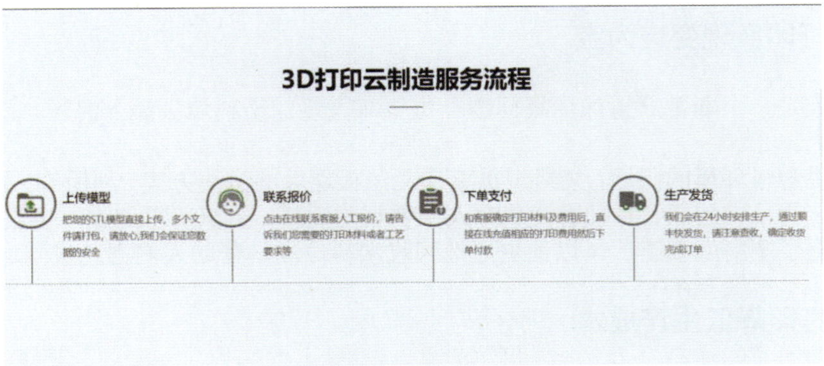

图 9-5　3D 打印云制造服务流程

3D 打印云制造就像一座微型工厂，可以提供一站式 3D 打印产品定制服务，有多种材料和工艺制造技术可供选择，如图 9-6 所示。

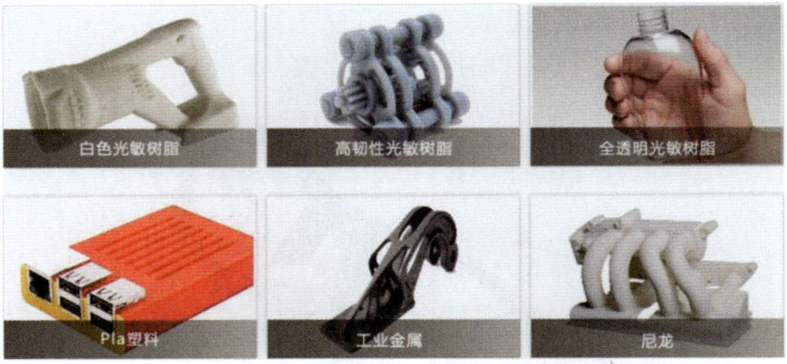

图 9-6　3D 打印云制造多种材料选择可选

3D 打印云制造服务广泛应用于多个行业领域，如电子产品、工业设计和汽车制造等。它能够帮助企业利用 3D 打印技术优化产品开发，实现小批量生产。同时，还可以通过降低成本和缩短生产周期来提高效率，满足用户需求。如图 9-7 所示为 3D 打印云制造服务定制的鼠标产品。

例如，一家工厂的工人服装是统一发放的，只能对大体尺寸上进行把握，无法为所有员工定制个性化的服装。而 3D 打印技术可以通过摄像头采集并提取每个员工的身体特征，然后自动进行服装形状和颜色设计，从而缩短定制周期。云制造能够使资源进行智能扩展，还可以自动平衡负载，给规模定制的运营模式提供很好的支持。

图 9-7　3D 打印定制鼠标

9.2　3D 打印在模具制造的应用

如今，传统的模具制造方法已经无法满足用户的需求，并且由于在模具设计和制造中出现的问题无法改正，而不能做到真正的快速。利用 3D 打印技术制造快速模具，可以提高产品开发的一次成功率，有效地节约开发时间和费用。

9.2.1　3D 打印建筑灯泡模具

在日常生活中，有各种各样的灯泡形状，但是以大楼建筑为形态的灯泡很少见。例如，荷兰某艺术家利用 3D 打印技术复制大楼建筑的造型，来设计钟乳石灯泡的模具，如图 9-8 所示。这种颠倒建筑形态的灯泡装在天花板上，让人看起来感到比较独特，事实证明 3D 打印能够实现人们无限的创意。

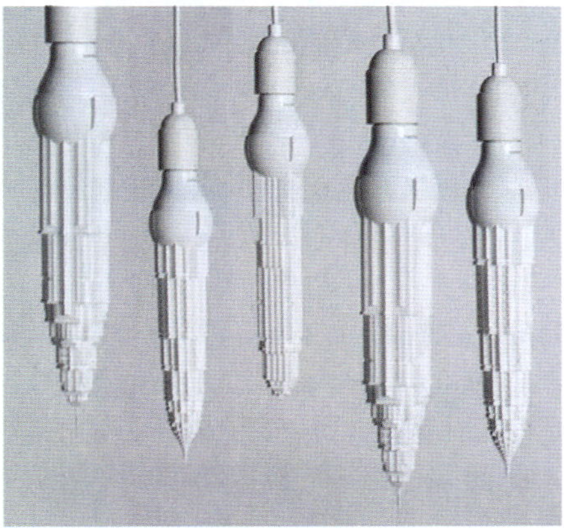

图 9-8　3D 打印建筑灯泡模具

9.2.2　3D 打印制作原型模具

随着 3D 打印在模具制造业的普及，原型模具生产商开始利用 3D 打印技术来制造注塑模具，如图 9-9 所示。利用 3D 打印技术生产的模具也存在一定的局限性，制作的模具大小受限于 3D 打印机的大小，而且有些零部件的模具，3D 打印机目前无法制造。

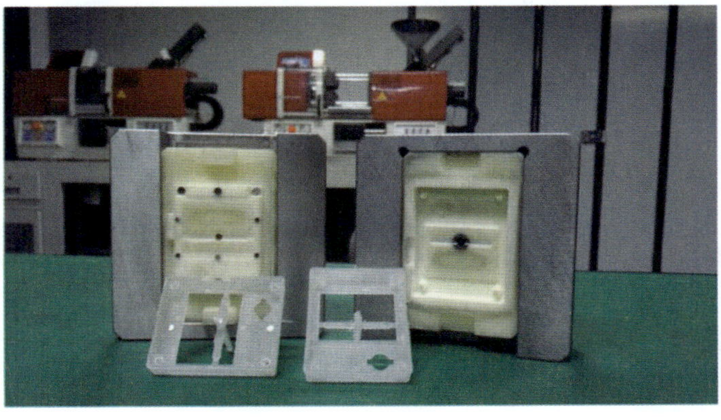

图 9-9　3D 打印注塑模具

9.2.3 快速精密铸造模具

美国 3D Systems 公司开发了一种快速精密铸造模具的工艺方法，可用于精密铸造。如图 9-10 所示为 3D 打印精密铸造模具。它通过立体刻光技术制造模具的半中空原型，浇铸后的金属模具还需要进行机器加工，从而使模具达到制作要求。这种工艺方法用立体光刻原型代替原来的蜡型，不仅提高了模具的精度，而且加快了制造的速度。

图 9-10 3D 打印精密铸造模具

9.2.4 3D 打印机试制树脂模具

利用 3D 打印机制造出的试制模具能够提升试制工艺的效率，除了通过 3D 打印机来直接制造试制产品以外，还可以借助 3D 打印机制作的模具，可以快速低成本地得到试制产品。如图 9-11 所示为利用 3D 打印机制造的树脂模具。

图 9-11 3D 打印制造的树脂模具

9.3 3D 打印在家电制造的应用

3D 打印机在制造业中尤其是家电等产品，与 3D 打印技术密切相关。不仅是各式各样家电的外形需要利用 3D 打印快速设计与制造，而且部分功能件或结构件可以利用 3D 打印快速制造出来。

9.3.1　打印功能完整的扬声器

3D 打印家电多是用打印出来的零件组装的，但是美国某大学的研究生利用 3D 打印技术一次性打印出了完整的扬声器，如图 9-12 所示。

图 9-12　3D 打印扬声器

该 3D 打印扬声器由塑料外壳、导电线圈和磁铁组成，它的成功制造具有重大的意义，随着 3D 打印技术的发展，可以同时使用多种不同的材料来制造更多新的产品。

9.3.2　3D 打印炫酷水晶音箱

美国某工程师利用 3D 打印技术制作了一款非常炫酷的 3D 水晶音箱，如图 9-13 所示，还可以变换颜色。

该 3D 打印水晶音箱由橡胶底座和透明水晶组成，内置 LED 灯，整体非常时尚美观，并且音质也十分清晰纯正。这款 3D 打印水晶音箱是用 Objet Connex 500 3D 打印机制作的，如图 9-14 所示，总共耗时四十小时左右。

图 9-13　3D 打印水晶音箱

图 9-14　Objet Connex 500 3D 打印机

9.3.3　3D 打印机器人电风扇

美国哈佛大学某博士生利用 3D 打印机制作了一款机器人电风扇，如图 9-15 所示。该 3D

打印机器人电风扇内置三个电机，能够使风扇自由移动，给人带来舒适的体验。

这款 3D 打印机器人电风扇的能耗非常低，大约是普通桌面式电风扇的三分之一。它内置摄像机，并且可以通过面部识别软件来追踪用户脸部的位置，从而移动相应的方向。由于制作该风扇的 3D 打印机精确度高，而且使用的是 ABS 材料。因此，打印出来的零部件组装时非常适配。

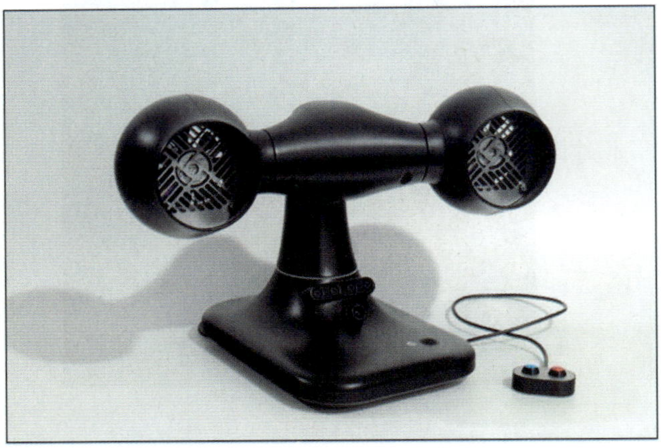

图 9-15　3D 打印机器人电风扇

9.3.4　3D 打印手机充电器

国外某公司利用 3D 打印机，制作出了一款智能手机充电器，可以通过摇晃手机进行充电，如图 9-16 所示。该 3D 打印手机充电器是用长方形的塑料壳卡在手机的背面，会随着你身体的移动给手机充电，从而拥有了源源不断的电量。

图 9-16　3D 打印手机充电器

> ▶ 专家指点
>
> 该 3D 打印手机充电器由于采用了特殊技术，因此充电时不会产生任何磁场，不会危害人体健康。

9.4　3D 打印在玩具制造的应用

3D 打印的特性可以很好地应用在玩具制造行业，不需要复杂的设计与打印工序。

9.4.1　3D 打印公仔玩具

公仔玩具一直深受广大小朋友们的喜爱，而 3D 打印技术能满足人们对玩具设计的各种奇思妙想。例如，美国某艺术家把各种动漫人物和弥勒佛的形态相结合，做出了许多恶搞的 3D 打印公仔玩具，如图 9-17 所示。

图 9-17　3D 打印公仔玩具

9.4.2　3D 打印机甲战士

机甲战士是微软公司发行的一款机械战斗类游戏，利用 3D 打印技术制作出了机甲战士的 3D 打印模型，如图 9-18 所示。该 3D 打印机甲战士模型高 6 英寸，身体两侧能够安装武器。这个模型头部要比身体的精度更高，从而保证头部的逼真效果。

图 9-18　3D 打印机甲战士模型

9.4.3　3D 打印变形金刚玩具

变形金刚是大多数小朋友喜爱的玩具之一，有人就利用 3D 打印技术设计了一款 3D 打印变形金刚玩具，如图 9-19 所示。该 3D 打印变形金刚玩具的尺寸高约 17 厘米，宽约 9.5 厘米。可以从一个电话亭变成一个机器人，机器人模式的尺寸高度为 33 厘米。玩具主要是由独立零件组装而成，其他部分则是由 3D 打印机打印出来的，它优点是不需要胶水就可以直接组装。

图 9-19　3D 打印机变形金刚玩具

▶ 专家指点

可以从相关的网站平台上下载该 3D 打印变形金刚玩具的 STL 文件，然后自行打印和组装。

9.4.4　3D 打印 EVE 国际象棋

3D 打印技术的精确性和个性化，使得其在模型制作领域深受欢迎。近期，一款炫酷十足的 3D 打印国际象棋“横空出世”，在玩具制造行业中大放异彩。

3D 打印 EVE 国际象棋是在游戏《EVE Online》的背景基础上制作的，因为该游戏拥有众多粉丝，所以这款 3D 打印象棋一经推出便十分火爆。

制作该象棋的棋子得拥有 EVE 游戏的飞船模型，同时还要搭配牢固但不失美感的底座，经过多方考虑，设计者决定采用流线型底座。确定了基本外形后，设计者开始对棋子模型进行 3D 建模，如图 9-20 所示。在制做棋子时，设计者采用光敏树脂激光快速成型工艺，其打印的过程需要花费几个小时，然后经过两层喷漆、晒干之后，棋子就制作完成了，如图 9-21 所示。

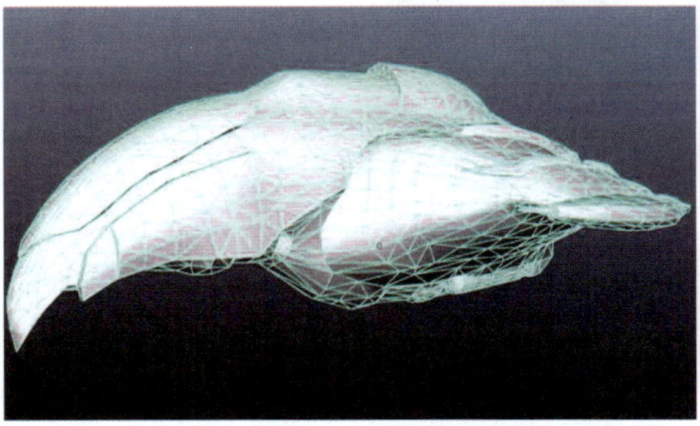

图 9-20　象棋棋子 3D 建模

图 9-21　3D 打印象棋棋子

棋盘的制作也花了不少心思和精力。设计者采用数控机床技术对整块棋盘进行精加工，从而保证了棋盘尺寸的精确度。为了让玩家有 EVE 游戏的代入感，设计者还在棋盘底部印上了 EVE 世界的星图，如图 9-22 所示。

图 9-22　棋盘底部的 EVE 世界的星图

9.4.5　3D 打印诡异魔方

某大学设计师利用 3D 打印技术设计出了一个名为“X-Cube”的魔方，如图 9-23 所示。之所以这样命名，是因为除了魔方的形状像“X”之外，“X”在数学领域代表未知的意思，设计师想以此来表明魔方的难度。

图 9-23　“X-Cube”的魔方

该 3D 打印魔方比普通魔方玩具的四面要多一层，一共有 52 个可以转动的部件和一百零二个颜色方格模块，其预售价格为 35 美元。用户也可以支付五美元下载“X-Cube”魔方的 3D 打印文件，然后自己动手制作。

9.4.6　3D 打印微型玩具车

玩具汽车是孩子们喜爱的玩具之一，近日，三位玩具发明家利用 3D 打印技术制作了一种新的微型玩具车，如图 9-24 所示。

该 3D 打印玩具车可以用手指推动前进，并且能够用不同车辆的零件重新组装成一辆新车，从而具有独特的外观和性能。它拥有底盘、座椅、轮胎等零件，如图 9-25 所示。用户可以通过 3D 打印玩具车零部件的 CAD 文件来自己设计并打印微型玩具车。

图 9-24　3D 打印微型玩具车

图 9-25　3D 打印微型玩具车的零件

9.4.7　3D 打印复古游戏机

在互联网刚刚起步的八九十年代，游戏机陪伴了大多数人的童年。即使到了现在，依然还有不少人玩这些经典复古的游戏。但是自从智能手机和电脑普及以后，市面上已经很少见到这种复古游戏设备了。所以有人借助 3D 打印技术再现了这些经典的游戏设备，如图 9-26 所示。这款 3D 打印复古游戏机保留了游戏手柄，而且更加便于携带，给玩家带来更好的游戏体验，简直是游戏党的福音。

图 9-26　3D 打印复古游戏机

9.4.8　3D 打印游戏人物手办

手办一直深受广大动漫和游戏爱好者的喜爱，有的手办达人借助 3D 打印来现自己的愿望。例如某艺术家利用 3D 打印技术打印出了全套《最终幻想 7》（日本游戏公司发行的一款角色扮演类游戏）的人物手办，如图 9-27 所示。

为了节省成本，该 3D 打印游戏手办的人物都是空心制作的，因此比较薄脆，很容易损坏。国外某位手办达人则通过 3D 打印机制作了一款超级马里奥的手办，如图 9-28 所示。

图 9-27　3D 打印《最终幻想 7》全套手办

图 9-28　3D 打印超级马里奥人物手办

9.4.9　3D 打印 ExoMy 火星车模型

近期，外国媒体报道了一款名为 ExoMy 的 3D 打印火星车玩具模型，如图 9-29 所示，人们能够用 3D 打印零部件自己动手制作。

这辆 3D 打印火星车模型高约 42 厘米，有 6 个轮子，制作它的零部件可在网上和商店获取，整个制作成本需要 300 美元以上。火星车头部的帽子还可以设计成其他不同的样子，如图 9-30 所示。

图 9-29　ExoMy 火星车模型

图 9-30　头部帽子的不同设计

9.4.10　3D 打印 Ozo 魔方熊

某工业设计师利用 3D 打印技术制作了一款个性化的魔方玩具，并将其命名为 Ozo 熊，如图 9-31 所示。传统的魔方都是由许多个正立方体组成，而且其设计都比较复杂，但这款 3D 打印 Ozo 魔方熊只有六个单元件，设计简单，非常适合寓教于乐。该 3D 打印 Ozo 魔方熊使用树脂材料打印而成，而且需要进行表面抛光处理，不然在旋转魔方时容易发生摩擦。

图 9-31　3D 打印 Ozo 魔方熊

9.4.11　3D 打印水果蔬菜玩具

法国某公司的设计师利用 3D 打印技术，制作了许多 3D 打印水果蔬菜玩具，如图 9-32 所示，制作的配件有轮子和机翼等。这些 3D 打印水果蔬菜玩具可以随意进行搭配，从而充分发挥小朋友们的想象力和创造力，非常有乐趣。

图 9-32　3D 打印水果蔬菜玩具

9.4.12　3D 打印机械章鱼

某机械设计师利用 3D 打印技术，制作出了电影《黑客帝国》中的机械章鱼模型，如图 9-33 所示。该 3D 打印机械章鱼模型是由五百个 3D 打印零件组装而成，因此制作时间比较长，所以制作完成之后才显得非常逼真和精细。

图 9-33　3D 打印机械章鱼

9.4.13　3D 打印经典电脑游戏

某经典电脑游戏《执政官：光与暗》的爱好者利用 3D 打印技术，复制出了这款游戏的 3D 打印桌面版。如图 9-34 所示为该游戏的 3D 打印模型。此游戏是一款 PC 棋盘类游戏，设定有黄、蓝两个阵营，所有的棋子都是由 3D 打印机制造出来的，而图 9-34 所示的正是黄方正营。

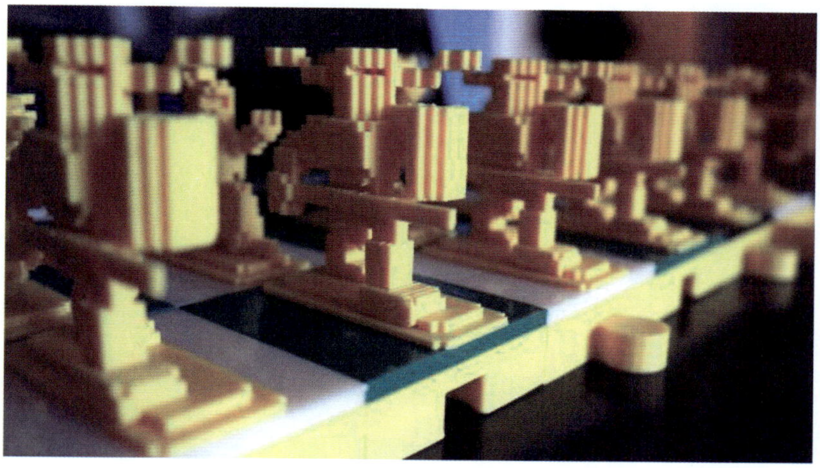

图 9-34　经典电脑游戏《执政官：光与暗》3D 打印模型

9.4.14　3D 打印想念熊

某玩具设计师利用 3D 打印技术制作了两个想念熊的模型，如图 9-35 所示。该 3D 打印想念熊的玩具模型是经过 3D 建模、模型打印、丙酮蒸气浴和上色等一系列步骤制成的，整个模型看上去非常光亮精细，十分可爱。

图 9-35　3D 打印想念熊

本章小结

本章主要介绍了 3D 打印在制造行业应用的相关内容。通过本章的学习，读者应了解 3D 打印与制造行业；掌握 3D 打印在模具制造应用、3D 打印在家电制造应用和 3D 打印在玩具制造应用。

本章习题

1．3D 打印代替现有的生产制造模式，所面临的挑战是什么？
2．什么是 3D 打印云制造服务？

第 10 章　3D 打印在创业过程中的应用

本章导读

3D 打印作为一个新兴产业，有着巨大的发展潜力和商机，越来越多的人进入到这个行业，利用 3D 打印设备和技术进行创业。本章主要介绍 3D 打印的十种创业方式和途径，3D 打印的创业案例和 3D 打印创业过程中存在的一些误区。

本章重点

- 3D 打印增加创业机会
- 3D 打印的创业案例
- 3D 打印创业的误区

10.1 3D 打印增加创业机会

3D 打印是一个潜力巨大的新兴产业，其市场现在还处于蓝海时期，蕴含着无限商机。3D 打印给人们提供了许多创业的机会，从事 3D 打印相关工作和行业的人也越来越多。

10.1.1 开设产品维修店

对于已经停产的产品来说，这些产品不仅无法享受售后的保修服务，而且在损坏之后也找不到合适的零件和配件进行更换和维修。而 3D 打印技术可以很好地解决这个问题，无论什么产品，都可以通过 3D 打印机制造出相应的零件进行维修。如图 10-1 所示为 3D 打印制造的产品零件。有需求就有市场，创业者可以开个产品维修店，利用 3D 打印为用户提供产品维修服务，这也是目前很多人的创业选择之一。

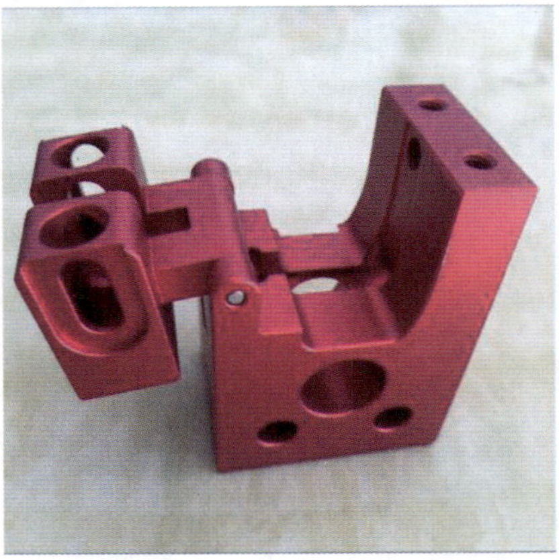

图 10-1 3D 打印制造的产品零件

10.1.2 和医院进行合作

3D 打印在医疗领域有着巨大的应用前景，比如 3D 打印生物器官和 3D 打印医疗设备等，如图 10-2 所示。3D 打印技术的出现促进了医学的发展，因此创业者如果有足够的技术能力的话，也可以从医疗领域入手，和医院展开合作，为其提供设备支持和技术培训。

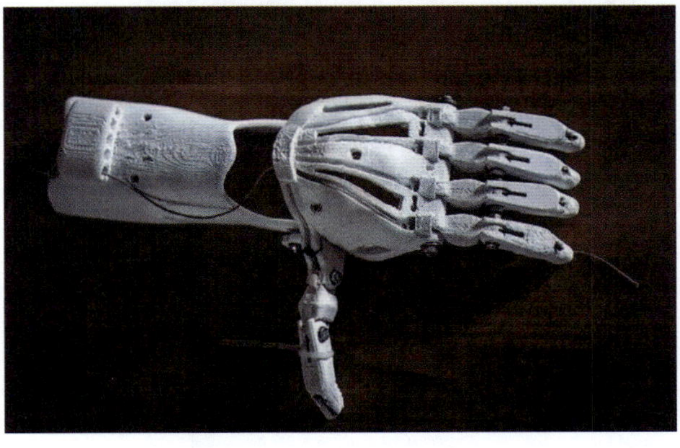

图 10-2 3D 打印生物器官

10.1.3　成为原料提供商

如果拥有强大的人脉资源的话，那么就可以进行 3D 打印原材料的销售，成为 3D 打印原材料的经销商。如图 10-3 所示为 3D 打印原材料。提供 3D 打印原材料的服务也是一条很好的创业途径，只不过需要创业者拥有较强的资源整合能力。

图 10-3　3D 打印原材料

10.1.4　出售作品的版权

对于一般人来说，要打印 3D 产品就必须先获得原件设计者的设计文件和授权，但这项流程又十分繁琐。所以，创业者可以通过搭建一个中间服务平台，来为原创设计者和用户双方服务，收取中介费。这种创业模式有很多案例，常见的有商用素材下载网站，如千图网、包图网和图虫创意等，如图 10-4 所示。

设计者可以将自己的作品版权卖给平台，而平台则可以通过 VIP 会员的方式将版权授权给用户，这样既为用户提供了便利，同时又解决了侵权的问题。如果创业者本身是一名设计师，那可以出售自己的作品版权来获得收入。

图 10-4　千图网素材下载平台

10.1.5　销售 3D 扫描仪

除了销售 3D 打印的原材料以外，还可以销售 3D 扫描仪。3D 扫描仪是和 3D 打印机配套使用的设备，它能够扫描物体然后变成图纸输入到 3D 打印机中，是构建 3D 模型的辅助装备，如图 10-5 所示。和原料供应商一样，成为 3D 扫描仪的经销商也需要有丰厚的人脉资源，包括销售渠道和完整的产品供应链。

图 10-5　3D 扫描仪

10.1.6　租赁 3D 打印机

为他人提供 3D 打印机的租赁服务也是一个不错的创业方法，通过出租物品来获取收益，比如出租房屋等。对于那些想使用 3D 打印机而又买不起，或者使用次数不多而不想单独购买的人来说，租用 3D 打印机是很好的选择。创业者可以通过开设一家 3D 打印体验店来经营 3D 打印机的租赁服务，如图 10-6 所示为德国某家 3D 打印店。

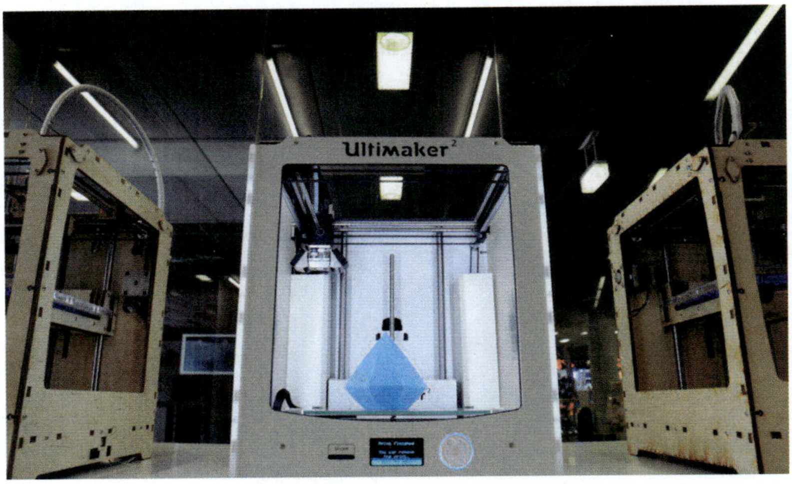

图 10-6　德国某家 3D 打印店

10.1.7　制作小众工艺品

利用 3D 打印技术可以做出许多具有创意小众的工艺品，比如 3D 打印蕾丝灯、3D 打印小提琴和 3D 打印“人脸”花瓶等，这些有意思的小众工艺品深受艺术收藏家的喜爱。虽然这种工艺品不会大规模的流行，但事实证明，目标用户愿意为此付费，甚至花费更多。图 10-7 所示为 3D 打印工艺品。

创业者可以通过制作 3D 打印工艺品来创业。和传统制作工艺品的方法相比，不需要和工厂合作，可以单独运营，节省一大笔开模和组件的费用，避免因工厂代工而导致的质量问题。

图 10-7　3D 打印工艺品

10.1.8　建综合社区平台

目前，3D 打印还处在起步阶段，还没有大范围的普及。因此创业者可以建立一个专业的 3D 打印综合社区网站，为用户提供技术支持、发帖讨论和购物等信息服务，让更多的人知道和了解 3D 打印，并加入进来。如今，国内已经出现有类似的 3D 打印网站，例如 3D 打印世界、3D 打印资源库等，如图 10-8 所示。这种创业模式不仅能够推动 3D 打印行业的发展，又可以获取收入，其创业的门槛和成本也比较低。

图 10-8　3D 打印世界

10.1.9　垂直型 B2C 电商

B2C 电商就是企业面向个人进行线上销售的商务活动，常见的平台有天猫、京东等。现在，国内还没有垂直专业的 3D 打印 B2C 电商平台，而 3D 打印正处于快速发展期，其相关设备、产品和服务的市场需求量巨大。因此，创业者可以抢占先机，搭建一个 3D 打印垂直型 B2C 电商平台，吸引企业和商家入驻，为用户提供 3D 打印的相关产品及服务，必然可以收获巨大的市场红利。

如果没有足够的能力和资源搭建这样的一个平台，但有产品供应的货源渠道，那么也可以借助现有的 B2C 电商平台，开设一家 3D 打印网店进行创业。例如，知名的 3D 打印机厂商创想三维就在天猫平台开设了官方旗舰店，如图 10-9 所示。

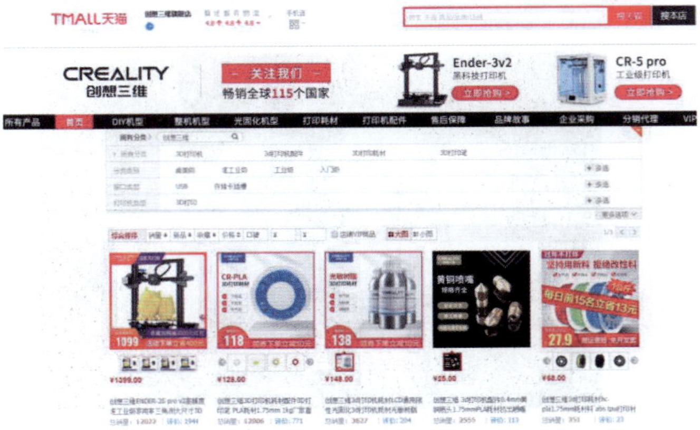

图 10-9　3D 打印机厂商创想三维旗舰店

10.1.10　建图纸设计团队

对于普通的 3D 打印用户而言，要想制作 3D 打印产品，需从网上下载 3D 打印设计图纸，而这些设计图纸，大部分是需要付费的。因此，创业者可以组建一支专业的 3D 打印图纸设计团队，承接 3D 打印图纸设计的外包服务项目。

10.2　3D 打印的创业案例

在 20 世纪 90 年代中期，3D 打印技术已经开始进入了研发和应用阶段，随着市场对它越来越多的关注，3D 打印市场的价值开始受到大家的重视，从早期昂贵的专业设备逐渐变得低廉，并提供给家庭和个人使用。

10.2.1　3D 打印照相馆

开设 3D 打印照相馆是摄影爱好者利用 3D 打印技术创业的方法，它是 3D 打印店的类型之一。3D 照相指的是使用 3D 扫描仪扫描人体全身的三维信息，然后再用 3D 打印机将信息模型打印出来。而 3D 打印照相馆就是利用 3D 照相技术为顾客提供 3D 人像模型的服务。如图 10-10 所示为 3D 照相的基本流程示意图。

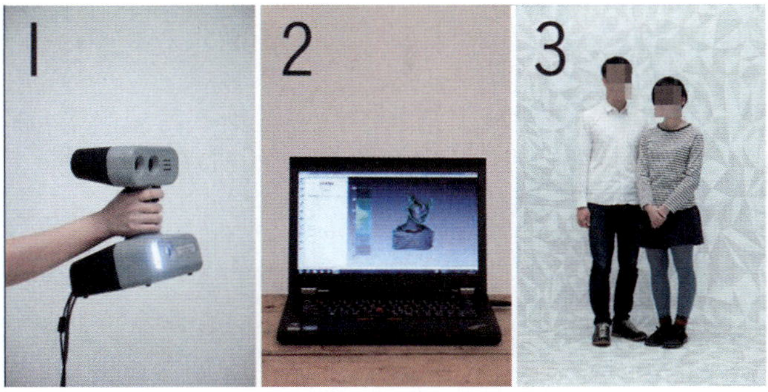

图 10-10　3D 照相的基本流程示意图

顾客后期还可以根据自己的需求对 3D 人像模型进行上色，所以打印出来的模型一般都是彩色的，如图 10-11 所示。

图 10-11　全彩 3D 人像模型

▶ 专家指点

目前，国内外均有 3D 打印照相馆开设，世界上第一家 3D 打印照相馆在日本，而国内首家 3D 打印照相馆在西安。

10.2.2　ProtoShop 3D 打印商店

法国巴黎开设了一家名为 ProtoShop 的 3D 打印商店，这也是法国第一家实体 3D 打印商店，如图 10-12 所示。

图 10-12　ProtoShop 3D 打印商店

这家 3D 打印商店出售各种 3D 产品和服务，例如 3D 打印机、3D 打印食物和 3D 打印饰品等，顾客可以按照自己的需求和爱好进行选择。顾客还可以购买 ProtoShop 商店的 3D 打印服务。例如，把设计好的 3D 文件上传到该店铺的官方网站，然后商店会将 3D 打印的成品送到用户手中，其价格取决于设计品打印材料的使用量。

10.2.3 英国首家 3D 打印店 iMakr

英国伦敦开设了一家名为 iMak 的 3D 打印店，这也是英国第一家 3D 打印店，如图 10-13 所示。它拥有 230 多平方米，分为上下两层。

图 10-13 iMak 3D 打印店

该 3D 打印店销售的 3D 打印产品比较广泛，包括主流的 3D 打印机设备。还有 3D 打印材料、3D 扫描仪和 3D 打印的创意产品。除了产品和设备，iMakr 3D 打印店还提供 3D 打印、3D 扫描人像和 3D 打印培训课程等服务。

10.2.4 带篮框马克杯成为热销

国外一位八岁的小男孩设计了一款名为“带篮圈的马克杯”的艺术品，这只马克杯带有一个篮球框，采用泥土制作雕刻，如图 10-14 所示。

图 10-14 带篮筐的马克杯

小男孩从他设计的这款马克杯艺术品中看到了商机，于是利用 3D 打印技术进行快速批量制作，还申请了作品专利，售出了 18 000 份以上。

这是一个非常成功的利用 3D 打印技术进行创业的案例，在取得初步成功之后，小男孩进一步增加自己的创作作品，制作了手套马克杯、球柱马克杯和带球门的足球杯等一系列的作品，并使用 3D 打印机改进其产品设计。

10.2.5　利用 3D 打印鞋垫获得融资

国外某公司利用 3D 打印技术制作了一款 3D 打印矫形鞋垫，如图 10-15 所示，并通过该产品获得了上千万美元的融资。该公司先采集用户的脚部照片，然后生成 3D 打印模型，从而为用户定制合适的鞋垫，整个制作过程大概需要一个星期。

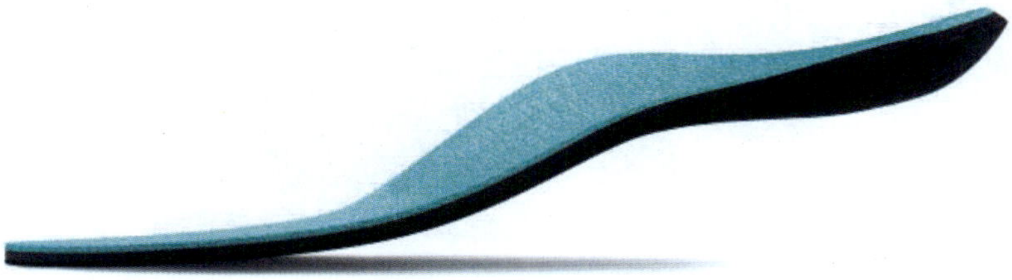

图 10-15　3D 打印矫形鞋垫

通过融资，该公司将其 3D 打印鞋垫业务扩展到了其他领域，大大推动了公司的发展。除了 3D 打印矫形鞋垫，它还研发了 3D 打印鞋，如图 10-16 所示。这款 3D 打印鞋配有 LED 灯，使鞋子看上去非常酷炫，还能按照用户的动作自动膨胀或缩小，从而起到保护的作用。

图 10-16　3D 打印鞋

10.2.6　柏林首家 3D 打印咖啡馆

德国柏林开设了一家名为 DimensionAlley 的 3D 打印咖啡馆，这也是柏林第一家 3D 打印咖啡馆，如图 10-17 所示。该 3D 打印咖啡馆不仅提供 3D 打印的美食，还提供 3D 打印专业服务和技术支持，顾客可以在这里打印自己设计的文件，或者咨询怎么把想法变成实体作品。

DimensionAlley 的 3D 扫描服务可以为顾客制作迷你版的自己，除此之外，这家咖啡馆还将 3D 打印技术介绍给当地的学校，支持教师把 3D 打印引入课堂。

在 DimensionAlley 咖啡馆里，顾客可以一边享受美味的食物，一边欣赏 3D 打印的制作过程。该店的两位店主是被 3D 打印技术所吸引，从而发现其中的商机，决定开设 3D 打印咖啡馆进行创业，致力于让顾客都能制作出自己设计的作品。

图 10-17　3D 打印咖啡馆

10.2.7　德国首家 3D 打印机专卖店

在德国西北部的一座城市——奥尔登堡，开设了德国第一家 3D 打印机专卖店，如图 10-18 所示。这是一家拥有 130 平方米的 3D 打印机专卖店，店内不仅有着各种品牌的 3D 打印机，还有 3D 扫描仪、3D 打印材料和各种 3D 打印配件，顾客可以在这里购买各种 3D 打印产品。开设这家店，主要是为了向德国民众推广和普及 3D 打印。

图 10-18　德国第一家 3D 打印机专卖店

10.2.8　芝加哥 3D 打印体验店

美国芝加哥开设了一家 3D 打印体验店，如图 10-19 所示。这家店的服务宗旨是以教育普通大众为己任，向其宣传和普及 3D 打印的技术原理，并提供 3D 打印过程的参观。顾客可以在店里复制自己的 3D 人像模型，制作一些 3D 打印的小配饰，店内的许多打印机都可以提供给顾客使用，其成本只需要 20 美元左右。该店还开办学习研讨会，顾客可以学习和讨论 3D 打印技术知识。

图 10-19　芝加哥 3D 打印体验店

10.2.9　提供 3D 打印增值服务

在 3D 打印领域，日本的 3D 打印创意应用进展比较迅速，例如日本某咖啡馆推出一项 3D 打印增值服务，那就是帮助顾客打印出属于自己的橡胶糖人，如图 10-20 所示。

除了 3D 打印橡胶糖人，该咖啡馆还会不定时举行活动，提供更多类似的 3D 打印服务，而打印一次橡胶糖人的费用为 6 000 日元。

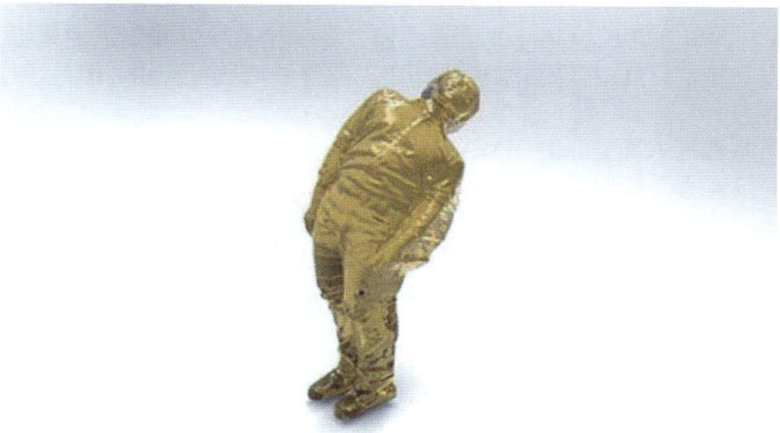

图 10-20　3D 打印橡胶糖人

10.2.10　3D 打印 DIY 珠宝首饰店

在成都有一家 3D 打印 DIY（即：自己动手制作）珠宝首饰店，该珠宝店利用 3D 打印技术由顾客自己动手制作珠宝首饰，让顾客参与到产品的设计和制作过程中来。如图 10-21 所示为 3D 打印机正在制作珠宝首饰。这种新的销售模式让顾客体验到了 3D 打印的乐趣，得到了自己定制的珠宝首饰，因此吸引了一大批顾客的光顾。

图 10-21　3D 打印机正在制作珠宝首饰

10.3　3D 打印创业的误区

3D 打印是一个有着巨大发展潜力的行业，市场前景广阔，有着无限商机，不少人也凭借 3D 打印创业获得了成功。但是，创业失败者也不可胜数。对于刚踏进这个行业的初创者来说，应该事先了解情况，做好充分的准备再行动。

本节主要介绍 3D 打印创业中的三个误区，避免这些错误，从而提高创业成功的概率。

10.3.1　市场消费热度不高

虽然 3D 打印行业在国内热度非常高，通过各种信息平台和渠道的传播，3D 打印的概念已经逐渐普及和推广，3D 打印技术也早已在工业等领域进行应用。但是，行业热度并不等同于市场消费热度。

对于大多数普通人而言，对 3D 打印的了解仅仅处在概念层面上，对 3D 打印也只是出于好奇，本身并没有真正接触过 3D 打印的实际应用。如果在国内推广 3D 打印产品，用户的消费意愿恐怕不会很高，推广难度比较大。

对于 3D 打印创业者来说，创业的区域要优先选择一线城市，因为一线城市的民众接受程度和理解能力要比二三线城市强。如果选择在二三线城市创业，先不要急着推销产品，而要打造品牌效应。

10.3.2　用户体验感比较差

3D 打印的设备价格比较昂贵，一些创业者为了节省创业成本，往往会选择加盟的方式，使得店铺只有一台 3D 打印机，这就给顾客造成一个不好的印象，觉得 3D 打印也不过如此，从而大大降低了消费的意愿。

这种创业模式虽然降低了创业的投资成本，但是只靠一台 3D 打印机撑门面，不利于店铺的长远发展。

10.3.3　要先体验然后付费

目前，3D 打印是一个新兴事物，而人们了解和接受新事物需要有一个较长时间的过程。

因此需要创业者为用户提供一个良好的体验模式和环境。在创业的前期先积累粉丝和忠实客户，然后再通过口碑传播，扩大影响力，吸引更多消费者和客户。

对于二三线城市更是如此，创业者需要选择一个合适的互动场所，定期举行一些免费的活动，通过各种渠道邀请意向客户进行 3D 打印的交流和互动。通过这样的方式拓展一批种子客户，然后扩散到整个区域。

本章小结

本章主要介绍了 3D 打印创造过程中的应用。通过本章的学习，读者应了解 3D 打印创业的方法和途径，如开设产品维修店、医院进行合作和成为原料提供商等；掌握 3D 打印的创业案例，3D 打印创业时存在的误区。使读者利用 3D 打印创业时准备更加充分，提高创业成功的机会。

本章习题

1．什么是 B2C 电商？
2．3D 打印创业的误区有哪些？

第 11 章　3D 打印在科研考古中的应用

本章导读

3D 打印在科研考古方面作用巨大，能够推动科学技术的进步，使科学家们可以更加方便快捷地进行研究工作。本章主要介绍 3D 打印在科研考古方面的应用，了解 3D 打印技术是如何帮助研究人员进行工作，其中包括科学、考古研究和文物保护方面的案例。

本章重点

- 3D 打印与科研考古
- 3D 打印在科学研究领域的案例
- 3D 打印在考古研究领域的案例
- 3D 打印在文物保护领域的案例

11.1　3D 打印与科研考古

随着 3D 打印逐渐蔓延到人们日常生活的每个角落，3D 打印技术已经不再是设计师与科学家的专属。但是 3D 打印应用的重点，仍然集中在工业设计、艺术创作和科学研究等领域，尤其是在科研考古方面的应用，显示了 3D 打印强大的功能。

11.1.1　科技企业常用的创新技术

3D 打印是大多数企业常用的技术之一，3D 打印技术能够帮助企业快速建立产品模型并进行调整。除了 3D 打印之外，虚拟产品模型和传感器也是企业常用的创新技术工具。如图 11-1 所示为 3D 打印产品模型。

图 11-1　3D 打印技产品模型

11.1.2　3D 技术成高校科研热点

以激光技术为代表的 3D 打印应用，成为了我国各大科研机构与高校研发新产品的热点。目前，清华大学、西安交通大学、华南理工大学、西北工业大学和北京航空航天大学等机构致力于 3D 打印技术的研发。其中，清华大学在 3D 打印领域主要研究的技术是 FDM 快速成型机，如图 11-2 所示，而华南理工大学的研究方向主要是 3D 打印义肢和金属零件等。

图 11-2　FDM 快速成型机

11.1.3 3D 打印在考古领域的应用

3D 打印在考古领域的应用，具体在以下三个方面，如图 11-3 所示。

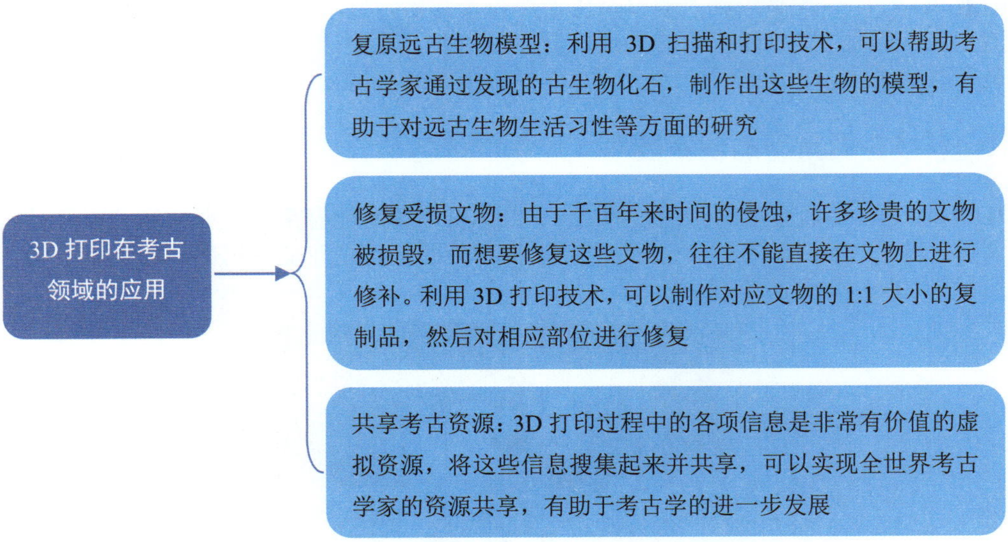

图 11-3　3D 打印在考古领域的应用

考古学家可以通过 3D 打印技术的逆向建模来复原残缺的文物，如图 11-4 所示为紫砂茶壶 3D 建模模型。

图 11-4　3D 建模紫砂茶壶

11.1.4 技术与成本瓶颈需要突破

我国有多家博物馆引进了 3D 打印技术，用于藏品维护及修复等。不过，3D 打印在文物的修复和保护方面也遇到了一些瓶颈和难题。最主要的就是技术和成本这两个方面，因为 3D 打印原材料的成本非常高。

例如，某公司利用 3D 打印技术对新疆龟兹洞窟的佛像进行还原，平均每克 3D 打印材料的费用高达十几元，仅仅打印一个头像就要上万元。

通过 3D 打印来保护文物，在技术方面还有许多难题需要攻克，比如 3D 打印机的尺寸限制，不管打印什么东西，其打印的物体总受限于 3D 打印机的尺寸，文物也是如此。有些文物可能需要分开打印，3D 打印在文物还原方面的相关标准也有待完善。

11.1.5　3D 打印在艺术方面的争议

随着 3D 打印技术的应用，3D 打印不仅被用来修复文物，还用于艺术工艺品的仿制。例如，某公司通过 3D 打印仿制出了紫砂壶等珍贵艺术品，其相似度几乎与真品无异。如图 11-5 所示为 3D 打印复制的艺术品。

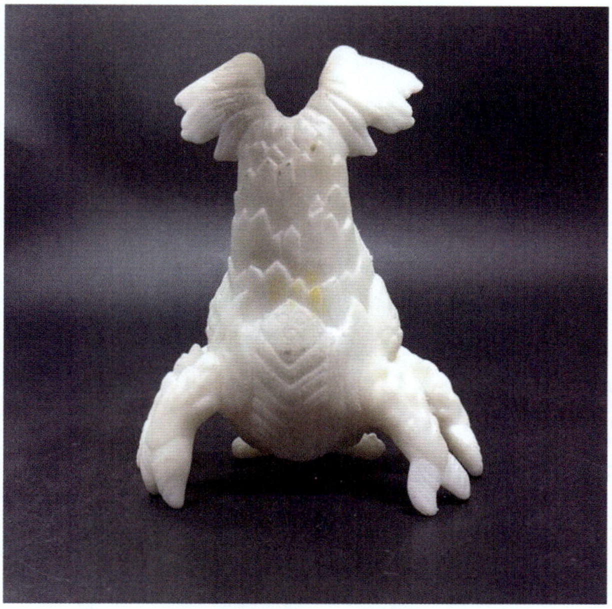

图 11-5　3D 打印复制的艺术品

这也随之引发出了一些问题，3D 打印技术会导致大量仿冒品盛行，从而破坏艺术的原创精神。而也有人认为 3D 打印技术能够更好地推广和保护艺术品，让更多人接触到艺术。如图 11-6 所示为 3D 打印艺术品的两种观点。

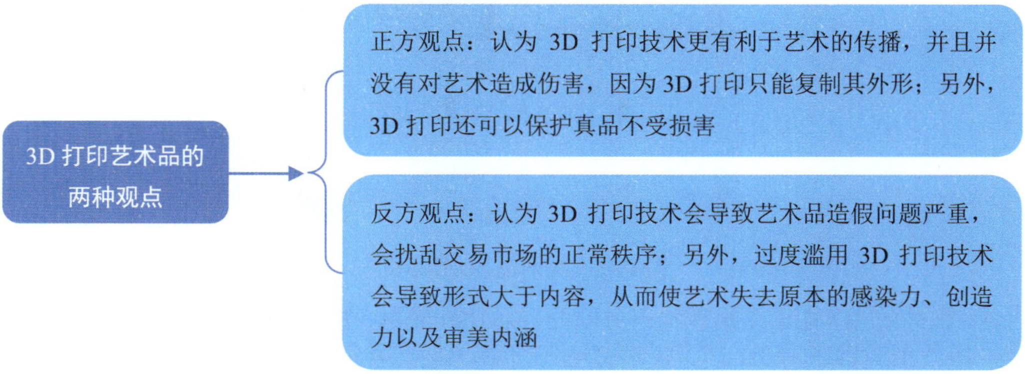

图 11-6　3D 打印艺术品的两种观点

如图 11-7 所示为针对 3D 打印艺术品给出的两条建议。

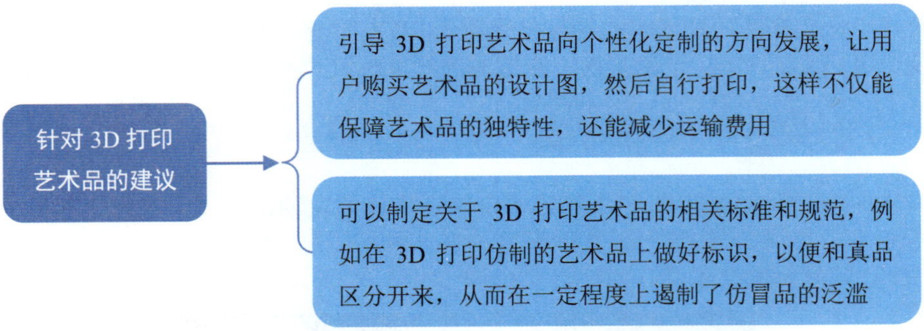

图 11-7　针对 3D 打印艺术品的建议

11.2　3D 打印在科学研究领域的案例

3D 打印在众多行业领域都有应用，科学研究就是其中之一。3D 打印在科研领域的应用，不仅为人类科学的进步提供了动力，同时也催生了众多高科技产品，向人们展示了未来世界的“魔幻图景”。

11.2.1　进军地理信息产业

3D 打印在地理信息产业方面的应用要求 3D 打印模型有更高的精度，其中 Zprinter 系列的打印机对地理模型的输出十分兼容，它支持全彩打印，可以清晰直观地展现地理结构的 3D 模型。如图 11-8 所示为 Zprinter 3D 打印机。

图 11-8　Zprinter 3D 打印机

目前，国外的 3D 打印在地理科研方面的应用比较成熟，如地质研究、地下结构可视化等。而国内，相关企业也在为 3D 打印技术的地理信息产业应用提供各方面的支持。

3D 打印技术在地理信息方面的应用，为 3D 地图的出现提供了便利。目前，有多家 3D 地图工艺网站提供 3D 地图打印业务。

例如，在英国某 3D 打印地图工艺品网站中，用户能够在地图中按照一定比例圈出一块地形，确认之后网站会自动生成 3D 地形结构图，这时用户只需要支付一定的费用，网站就会打印出 3D 地形图的模型，如图 11-9 所示。

图 11-9　3D 地理模型

目前该网站支持少数几个国家和地图的版图，而且打印的地图面积越大、地形越复杂，费用就越高。美国也有一家出售 3D 打印地图的网站，不过这家不支持定制，只出售明码标价的成品，比如奥林匹斯山脉的 3D 地形图模型售价 160 美元。

3D 打印地图有着广阔的市场前景，同时也预示着 3D 打印技术在地理信息研究领域的应用前景无限，因为它实现了由传统平面二维地图像到立体三维地图的转变。

11.2.2　液态金属 3D 打印技术

美国某大学的研究人员研发了一种，可以使用液态金属作为打印原材料来制作物体的技术。如图 11-10 所示为 3D 打印机使用的液态金属。

图 11-10　3D 打印机使用的液态金属

当打印出来的物体干燥之后，依然可以保持柔软。因为研究人员使用的是一种无毒、能够在常温下保持液态的合金，当暴露在空气中时，其表面会固化，但里面依旧是液态。另外，该技术不仅可以打印出液态金属结构的 3D 模型，还可以打印出液态金属线路，这是利用了液态金属的导电性。

打印出来的液态金属线路可以做成柔性、可伸缩的元器件，如柔性的 LED 屏。随着 3D

打印技术的发展，未来会有更多的由液态金属制作的 3D 打印产品。这种液态金属和液态水银不同，它不具备毒性，所以可以放心使用，不过其成本和塑料相比非常高。

11.2.3 让手机秒变纳米显微镜

某大学分校的工程师制造了一个 3D 打印附件，它能够让智能手机拍摄到 90 纳米的微粒，拍摄效果可以媲美电子显微镜，如图 11-11 所示。

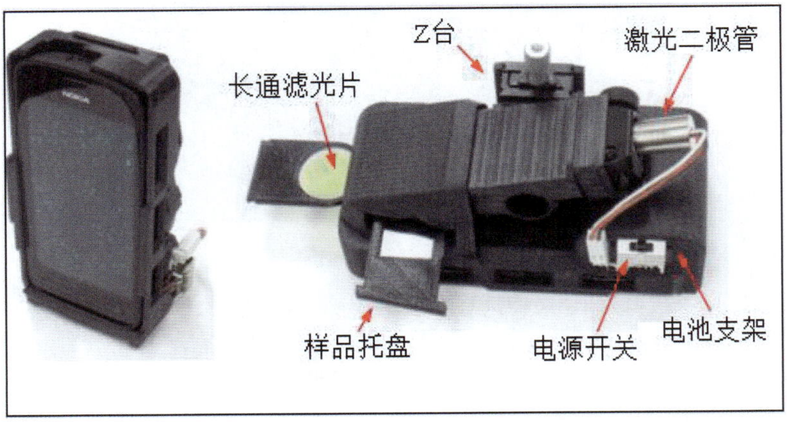

图 11-11 3D 打印附件纳米级手机显微镜

该设备能够检测单个纳米粒子，重量很轻，它还用来检测食品和肾脏。这个附件不仅能够让生物爱好者随时进行测试，还可以作为医学资源的辅助补充设备。

11.2.4 3D 打印手套形手机

某设计师利用 3D 打印技术设计了一款名为 Glove One 的手机，如图 11-12 所示。这款手机的外形像个手套，可以随身戴在手上，并且一切操作都是通过手势来完成。

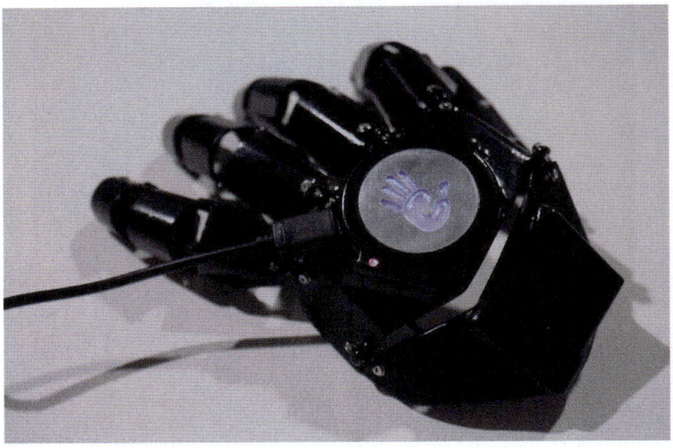

图 11-12 3D 打印 Glove One 手机

该 3D 打印手机具备普通手机的基本功能，手机的按钮在手指关节内侧，大拇指是听筒，小拇指是话筒，它是通过迷你 USB 接口进行充电的，电话卡的插槽在手背的位置。

11.2.5　3D 打印动听音乐

在斯德哥尔摩举办的艺术黑客节上，有人通过 3D 技术打印音乐。采用一个 Lulzbot3D 打印机和几副耳机，让打印机一边播放古典音乐一边打印出独特的可视化古典音乐作品，如图 11-13 所示。

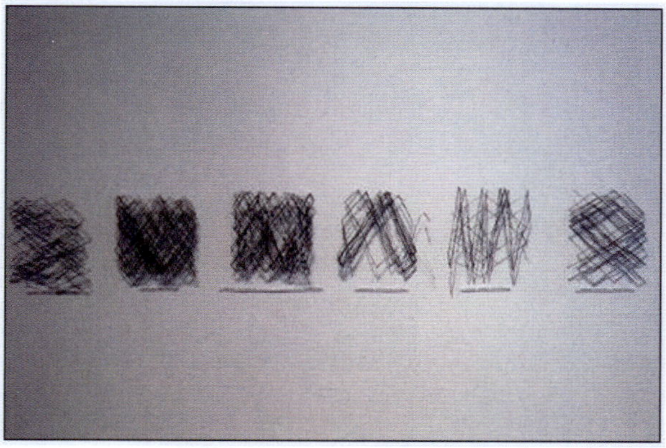

图 11-13　3D 打印音乐

3D 打印机播放音乐的原理是：为打印机提供电力的步进电机在播放不同音调时以不同的速度运行。打印机将歌曲的 MIDI 文件解码成一组数据，该数据决定打印机电机的运行速度，从而重现歌曲的音调。目前，3D 打印机能够打印的音乐包括：《蓝色多瑙河》《星球大战》《帝国进行曲》《卡门》等经典歌曲。

11.2.6　3D 打印加工软体机器鱼

为了更好地在水下进行生态监控，哈佛大学的科学家利用 3D 打印技术加工制造了一个 3D 打印软体机器鱼，如图 11-14 所示。该 3D 打印软体机器鱼拥有四个鱼鳍，其作用是用来进行精确导航。它的尺寸只有 235 毫米，并且还拥有传感器和广角镜头的摄像头等设备，使其能够更好地进行水下探险

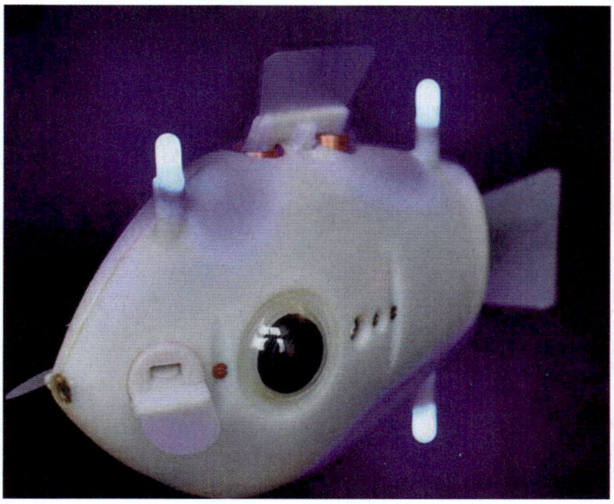

图 11-14　3D 打印软体机器鱼

11.3 3D 打印在考古研究领域的案例

本节主要介绍考古学家借助 3D 打印来进行考古研究的案例。

11.3.1 化石复制品助力研究

德国的研究人员利用 3D 打印技术复制化石，以便在不损坏样本的情况下进行研究，如图 11-15 所示。这批化石因为战乱而被深埋在柏林自然博物馆的碎石下，外部石膏的保护让化石得以幸免于难，不过也正是因为这个原因导致研究人员在进行化石研究时受到了阻碍。事实证明，3D 打印技术能够助力化石标本的研究。

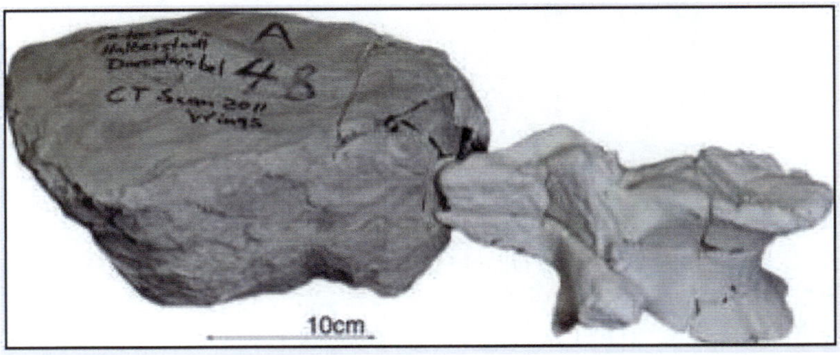

图 11-15 3D 打印化石复制品

11.3.2 3D 打印技术复原恐龙

恐龙一直是考古学家和生物学家研究的热门对象之一，而恐龙化石则是研究恐龙生物的媒介，如图 11-16 所示。

恐龙化石是亿万年前恐龙生存和生活的直接表现方式，对恐龙化石研究的同时，可以获得关于地质、生物、天文、环境等多方面的知识，确地知道应该如何同自然界保持和谐。

由于年代久远，恐龙研究面临诸多限制。于是研究人员想到利用 3D 打印技术来复原恐龙。他们首先通过 3D 扫描仪建立恐龙化石的 3D 模型，然后利用 3D 打印机把它打印出来。如图 11-17 所示为 3D 扫描仪正在扫描恐龙化石的脚部。

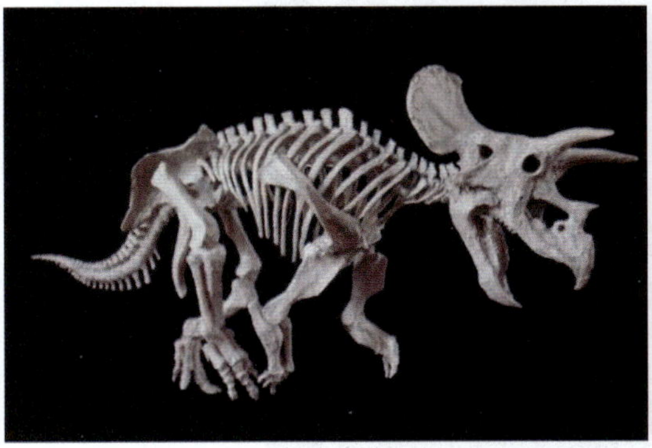

图 11-16 恐龙化石

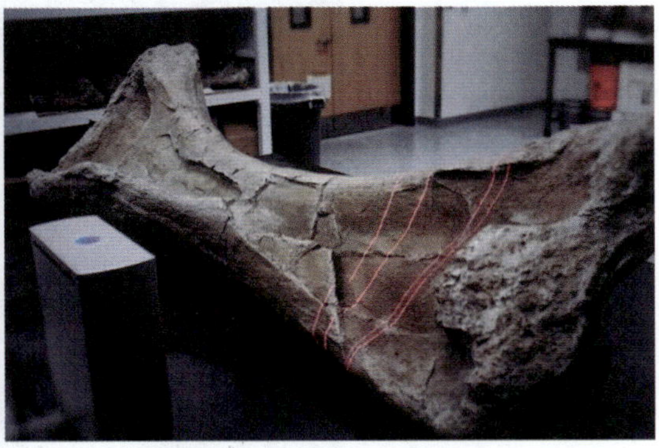

图 11-17 3D 扫描仪扫描恐龙脚部

11.3.3 3D 打印远古生物模型

美国古生物学家利用 3D 打印技术复原了 3.9 亿年前的远古生物，如图 11-18 所示。这只生物全身长满尖刺，且覆盖有硬甲，体长约为 2.5 厘米。

该 3D 打印远古生物模型是在远古生物化石的基础上进行复原的，为了恢复远古生物的本来面目，更好地观察和研究该物种的外形结构特点，古生物学家建立了远古生物化石的 3D 立体模型并将化石碎块进行拼接，然后将其模型放大 12 倍用 3D 打印机打印出来。

将模型打印出来之后还要进行上色和外壳纹理等细节处理，才能看到图 11-18 所示完整的远古生物。

图 11-18 3D 打印远古生物模型

11.3.4 3D 打印古鲸鱼化石

在美国华盛顿某博物馆，研究人员利用 3D 打印技术复制出古鲸鱼化石，并建立 3D 模型归档，如图 11-19 所示。3D 打印古鲸鱼化石的模型是非常巨大的，3D 打印使得古鲸鱼化石得以永久保存下来，更有利于对其进行考古研究。

图 11-19 3D 打印古鲸鱼化石

11.3.5 3D 化石模型数据库

为了更好地观察和研究化石标本，英国地质服务建立了 3D 化石模型数据库，能够找到想要的化石 3D 模型，然后下载并进行打印。它还支持按不同分类条件进行搜索，如图 11-20 所示为数据库中的化石 3D 模型。

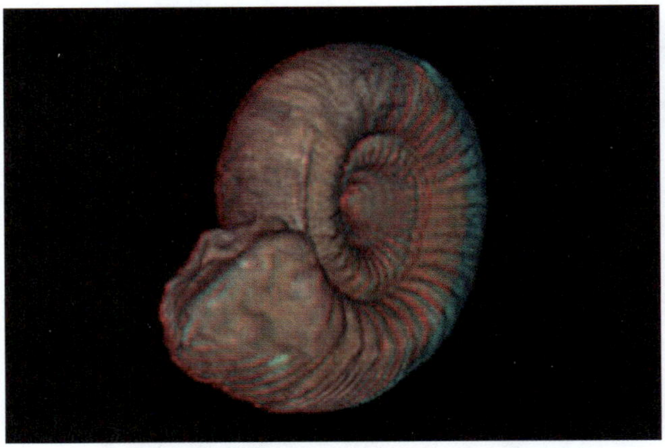

图 11-20　数据库中的化石 3D 模型

该 3D 化石模型数据库中涵盖了多种化石标本，用户可以直接在网上搜索并查看。如果想进一步研究还可下载 3D 模型文件，并打印出来。

11.4　3D 打印在文物保护领域的案例

对于有缺损的文物，由于无法直接在原件上进行修补，因此需要 3D 打印技术进行复原。博物馆里常常会用 3D 打印模型来保护原始作品不受意外事件的伤害，同时复制品也能将文物的影响传递给更多的人。本节主要介绍 3D 打印在文物保护领域的应用案例。

11.4.1　3D 打印世界名画

在荷兰，有人利用 3D 打印技术复制出了世界名画《犹太新娘》，该 3D 打印艺术品完美地复制了油画的质地和笔触。

该 3D 打印油画是用 Oce Printer 3D 打印机打印出来的，如图 11-21 所示。打印的过程和 Photoshop 的渲染功能相似。但是在打印艺术品之前，得将原版进行数字化。

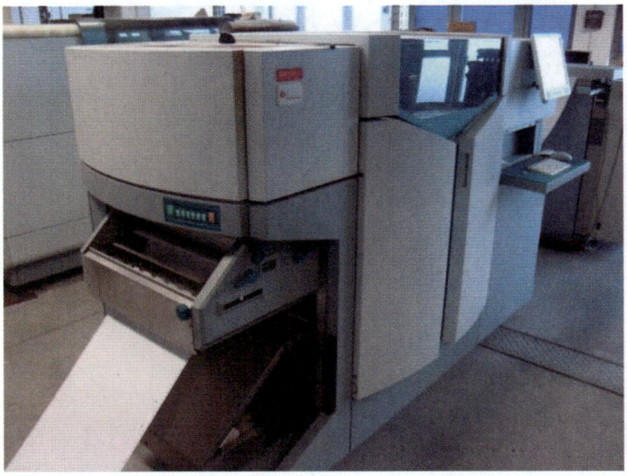

图 11-21　Oce Printer 3D 打印机

11.4.2　3D 打印 19 世纪的人面壶

某艺术家利用 3D 打印技术复制出了 19 世纪的人面壶，人面壶是一种刻有人脸的陶壶，它是用高岭土制作的，如图 11-22 所示。

图 11-22　3D 打印技术复制 19 世纪的人面壶

打印的过程步骤和 3D 打印人像基本相同，都是通过 3D 扫描仪建立 3D 模型，然后用 3D 打印机打印出来，只是打印的对象是静止的。

3D 打印出来的人面壶所有的表面细节都与原艺术品完全一样，只是没有使用同样的釉彩进行上色，而是用带有银色光泽的镍，如图 11-23 所示。

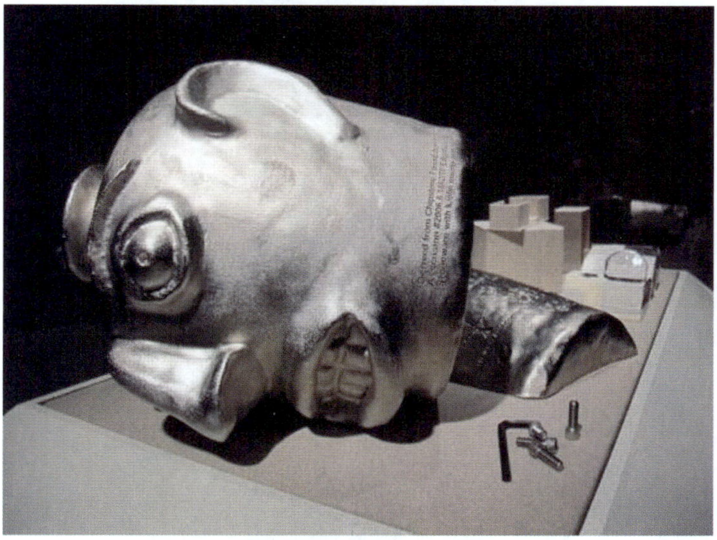

图 11-23　3D 打印人面壶

11.4.3　3D 打印复原金陵辟邪

在南京六朝陵墓的石雕中，梁武帝堂弟陵墓遗址的金陵辟邪是非常具有代表性的文物，如图 11-24 所示。

图 11-24　金陵辟邪

该文物因为被露天放置了一千多年，因此早已损坏，破旧不堪。于是某公司联合当地政府的文物部门，利用 3D 打印技术，对金陵辟邪进行了还原和复制，最大程度还原了文物的形状、肌理和复古感，如图 11-25 所示。

图 11-25　3D 打印金陵辟邪

11.4.4　3D 打印修复天龙山石窟

位于山西太原的天龙山石窟是国内重点文物保护单位，也是中国佛像的经典，但在 20 世纪初，这些佛像因盗窃而流失海外，损坏严重，如图 1-26 所示。

图 11-26　受损的石窟佛像

为了研究和保护天龙山石窟的佛像，某研究所发起了天龙山项目。该项目的主要内容是利用 3D 打印技术来修复受损的石窟佛像，重现其原本的模样。该项目的工作流程主要分为以下四个阶段，如图 11-27 所示。

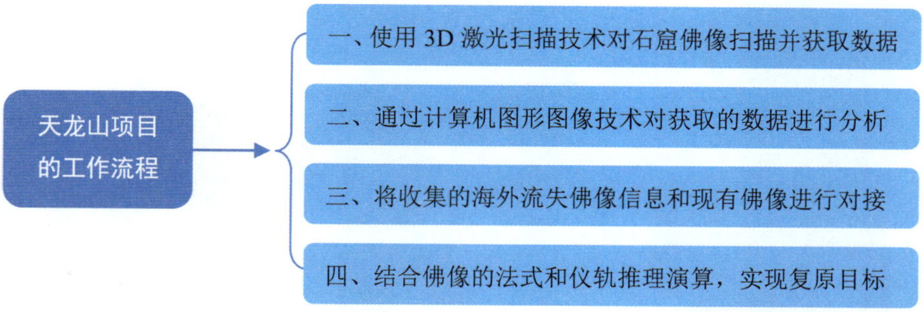

图 11-27　天龙山项目的工作流程

3D 打印技术改变了以前传统的考古研究方式和文物保护方法，可以把文物古迹放到桌子上进行研究观察，这是以前无法想象的。

11.4.5　打造 3D 打印在线博物馆

美国芝加哥艺术学院打造了一个在线 3D 打印作品博物馆，在该学院的博物馆网站页面，可以提供各种 3D 模型作品下载，如图 11-28 所示。

图 11-28　3D 打印艺术品模型

目前，该在线博物馆拥有一百种以上艺术品的 3D 模型，这些模型来自各大艺术博物馆，并利用 3D 扫描仪扫描原物后建立的。这个在线博物馆可以使人们不用出门就可以欣赏到珍贵的艺术品，只需要用 3D 打印机打印下载的 3D 模型即可。

11.4.6　修复 3000 多年的历史文物

美国考古学家利用 3D 打印技术修复了三千多年前的历史文物，这件历史文物是个陶瓷狮子像，如图 11-29 所示。

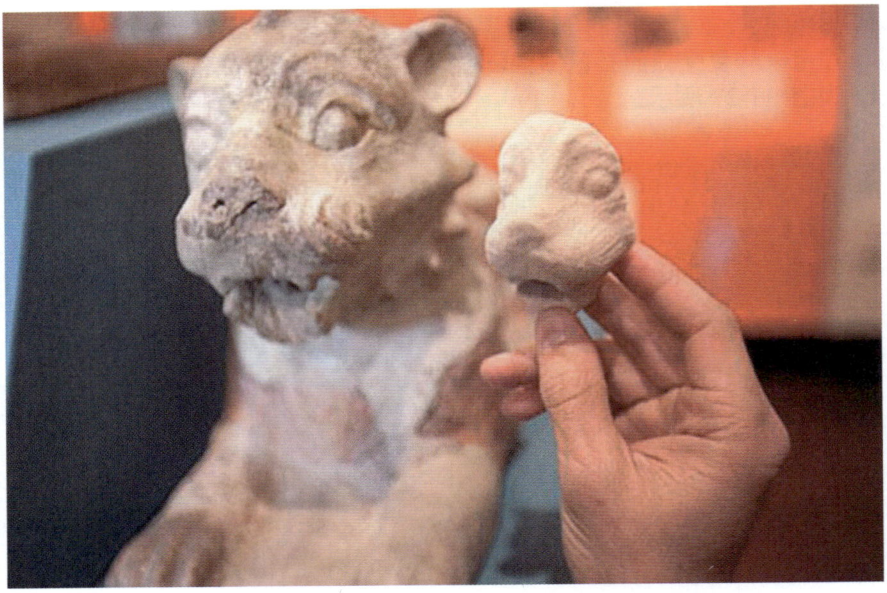

图 11-29　3D 打印陶瓷狮子像

该陶瓷狮子像原本大部分身体都已损坏，但考古学家通过 3D 打印技术，不仅可以修复陶瓷狮子像，还能够重新制作一个全新的狮子像。有了 3D 打印技术，考古学家可以把任何受损文物进行修复并研究。

11.4.7　还原历史悠久的蒸汽机车

3D 打印对文物的保护起到了巨大的作用，例如一些工程师利用 3D 打印技术复制了一辆工业时代的蒸汽机车。如图 11-30 所示为 3D 打印蒸汽机车模型。工程师们通过各种方法收集该蒸汽机车的相关数据并建立 3D 模型，使用 3D 打印机将蒸汽机车复制了出来。

图 11-30　3D 打印蒸汽机车模型

本章小结

本章主要介绍了 3D 打印在科研考古领域应用的相关内容。通过本章的学习，读者应了解 3D 打印与科研考古方面的基本知识；掌握 3D 打印在科学研究的应用案例、3D 打印在考古研究的应用案例和 3D 打印在文物保护方面的应用案例。

本章习题

1．3D 打印在考古领域的应用有哪些方面？
2．关于 3D 打印艺术品的两种观点是什么？

第12章 3D打印在其他领域中的应用

本章导读

本章主要介绍3D打印在航空航天、教育、军事和能源领域的应用，以便对3D打印的应用体系进行补充和完善。

本章重点

- 3D打印在航空航天的应用
- 3D打印在教育领域的应用
- 3D打印在军事领域的应用
- 3D打印在能源领域的应用

12.1　3D 打印在航空航天的应用

航空航天在 3D 打印的应用领域中占有不小的比例，3D 打印技术也对世界航空航天事业的进展起到了重要的作用。本节主要介绍 3D 打印在航空航天领域的应用案例。

12.1.1　制造飞机风洞模型

3D 打印在航空航天的应用之一是制造飞机风洞模型，风洞模型指的是用于飞机研发过程中的物理试验模型，它的作用是测量飞行器各部件的动气特性。如图 12-1 所示。

图 12-1　飞机风洞模型

传统的风洞模型是由人工制造而成，而如今利用 3D 打印技术，就可以准确地进行动力学的模仿。另外，还能够打印出透明材料做光弹实验，从而识别设计中不足的区域。

12.1.2　研发太空 3D 概念打印机

美国某航天公司联合美国航空航天局进行了一个名为 SpiderFab 的概念项目，这个项目其实是一款轨道飞行器，也是一个太空 3D 概念的打印机，如图 12-2 所示。

图 12-2　SpiderFab 的概念项目

该项目的目的是利用 3D 打印实现轨道卫星的自我复制。通过 3D 打印技术，能够轻松地在太空轨道上制造飞行器部件还可以制造空间望远镜等。

12.1.3　3D 打印发动机喷嘴

某公司利用 3D 打印技术制造出了发动机喷嘴，如图 12-3 所示，并且计划将其大规模地量产，不过这也超出了 3D 打印机的产能。

图 12-3　3D 打印发动机喷嘴

发动机喷嘴是用于航空领域的飞机零件，通过 3D 打印技术降低了飞机生产成本和周期。除了航空航天领域，该公司也研发其他领域的 3D 打印产品。

12.1.4　在太空打印生物器官

2018 年 12 月，俄罗斯宇航员在国际空间站上，利用 3D 生物打印机打印了实验鼠的甲状腺。如图 12-4 所示为 3D 生物打印机 Organaut。

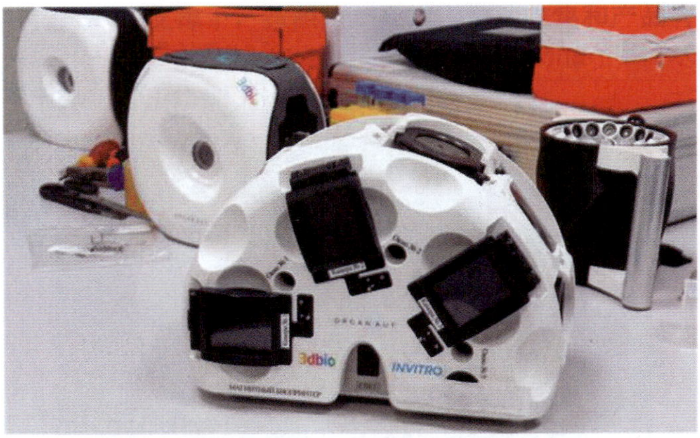

图 12-4　3D 生物打印机 Organaut

由于打印的环境是在太空上，没有重力，但宇航员还是克服了重重困难，将该生物器官打印了出来，俄罗斯也因此成为了世界上第一个在太空打印生物器官的国家。这不仅有利于促进医学研究的发展，更促进了 3D 打印在航空航天的技术进步。

12.1.5　中国首次太空 3D 打印

2020 年 5 月，我国在太空进行连续纤维增强复合材料的 3D 打印实验，这也是我国的第一次太空 3D 打印实验。

这次太空打印实验一共打印了蜂窝结构和 CASC（中国航天科技集团有限公司）。这次太空打印实验对我国太空 3D 打印技术的发展具有非常重要的意义，标志着我国太空 3D 打印进入新的发展阶段。太空 3D 打印技术的作用有以下几个方面，如图 12-5 所示。

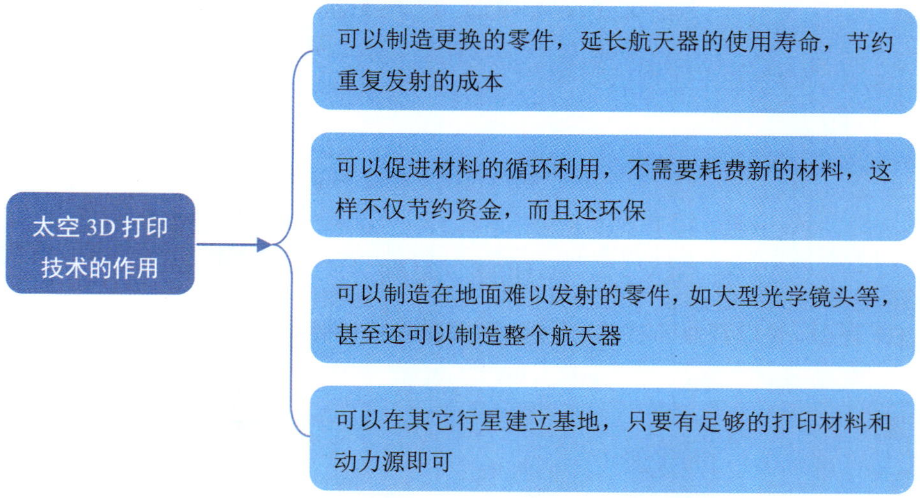

图 12-5　太空 3D 打印技术的作用

太空 3D 打印技术有诸多作用，但是目前我国的太空 3D 打印技术还不成熟，存在着较多的问题，如图 12-6 所示。

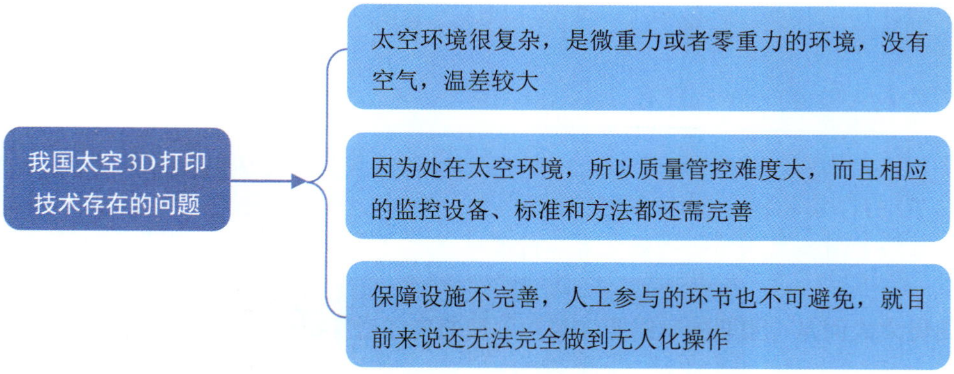

图 12-6　我国太空 3D 打印技术存在的问题

12.1.6　3D 打印太空锁子甲

为了抵御陨石攻击，美国航空航天局利用 3D 打印技术制造了一件金属织物，将其命名为“太空锁子甲”，如图 12-7 所示。该 3D 打印太空锁子甲兼有金属的强度和布料的灵活，它的两面分别是小方块和编制金属，这样的结构设计能让其既能够反射光线，又可以吸引热能。还可以用来防御陨石攻击和保持机械温暖。

图 12-7　3D 打印太空锁子甲

12.1.7　3D 打印卫星组件

近日，某金属 3D 打印服务商，利用 3D 打印技术制造了一种更好的卫星热交换器，并经过了严格的实验测试，如图 12-8 所示。该 3D 打印卫星热交换器是使用 SonicLayer 1200 3D 打印机，专门为美国航空航天局制造的，并且该公司凭借先进技术优势和美国航空航天局进行了多次合作。

图 12-8　3D 打印卫星热交换器

12.1.8　送入太空的 3D 打印机

随着 3D 打印技术在航空航天领域的应用，3D 打印机的工作环境也不再局限于地球，越来越多的 3D 打印实验在太空环境中完成。例如，美国发射的“天鹅座”飞船中，将一台 3D 打印机运送到了国际空间站，这也是第二台被送入太空的 3D 打印机，如图 12-9 所示。

图 12-9　被送入太空的 3D 打印机

12.1.9　俄国首个 3D 打印卫星

Tomsk-TPU-120 是俄罗斯第一个 3D 打印卫星，它的形状是一个立方体，如图 12-10 所示，目前已经由火箭送入了太空。该 3D 打印卫星的外壳大部分由塑料制成，而卫星的电池组外壳则是用陶瓷材料做的，这样能够延长电池组的使用寿命。

图 12-10　俄罗斯第一个 3D 打印卫星

12.2　3D 打印在教育领域的应用

教育一直以来是国家和社会非常重视的一个领域，它关乎一个民族的未来。3D 打印技术对教育事业的发展也发挥了重要的作用，本节主要介绍 3D 打印在教育领域的应用。

12.2.1　学生设计 3D 打印模型作品

在国外，一些西方国家在教育行业已广泛推广 3D 打印技术。例如，在课堂上，老师教学生利用 3D 打印技术设计并打印自己的模型作品，如图 12-11 所示。

图 12-11　学生打印的 3D 模型作品

12.2.2 3D 打印合成乐器模块

对于患有先天听力障碍的孩子来说，不能听见声音使他们在学习上产生较大的影响，而国外利用 3D 打印技术，帮助孩子们解决了这个难题。

设计 3D 打印合成乐器模块，可以将声音转变成视觉和触觉感应，能够让那些听力障碍和失聪的孩子体验各种音乐，甚至能看见和触摸声音。如图 12-12 所示为 3D 打印合成乐器模块。

像玩具一样的 3D 打印合成乐器模块，其实是利用共鸣板控制音乐来让孩子们感受到声音的。它采用漏斗的外形设计，可以双手握住底部的木筒感受声音的震动，而玻璃里面的弹珠会随着音乐的节拍而跳动，从而使孩子们通过视觉来感受声音的存在。

图 12-12 3D 打印合成乐器模块

12.2.3 让 2D 涂鸦变 3D 艺术品

3D 涂鸦服务是某 3D 打印云平台推出的 3D 打印教育服务，该服务的主要对象是喜欢画画的孩子。利用 3D 打印技术，将其涂鸦绘画作品打印成 3D 模型，如图 12-13 所示。3D 打印教育服务不仅能激发孩子们天马行空的想象力和对 3D 打印技术的好奇心，更能培养他们的创作能力，对其以后的教育学习产生深远的影响。

图 12-13 把涂鸦绘画变成 3D 模型

12.2.4 3D 打印走进校本课程

在有些学校，3D 打印技术已经走进了校本课程。校本课程就是由学校自己开设的课程。

例如，某中学在某公司的支持下，给学生们讲解 3D 打印的课程知识，如图 12-14 所示。该 3D 打印课程不仅讲述理论知识，还让学生们亲眼观看 3D 打印的整个过程，体验 3D 打印技术的神奇之处，做到理论和实践相结合。

图 12-14　给学生讲解 3D 打印课程知识

12.2.5　3D 打印启蒙益智数学模具

以前在读书的时候，许多人一定背过九九乘法表。但这对于记性不好的孩子来说，其过程是非常痛苦的，就利用 3D 打印技术专门设计了一种启蒙益智的数学模具，如图 12-15 所示。

图 12-15　3D 打印启蒙益智的数学模具

这个模具可以提高孩子们学习数学的兴趣，使学习过程不至于枯燥乏味，让其快速的记住乘法口诀，是既启蒙又益智。

12.3　3D 打印在军事领域的应用

3D 打印在军事领域扮演着重要的角色，对国家军事力量的提升有着显著的效果。本节主要介绍 3D 打印在军事领域的应用。

12.3.1 3D 打印海军舰艇模型

3D 打印在海军舰艇方面有着许多应用，例如美国海军利用 3D 打印技术快速地制造舰艇零件，这样不仅提高了执行任务的速度，而且降低了制造的成本。美军还向军中的水手和相关技术人员进行 3D 打印技术的培训。如图 12-16 所示为 3D 打印舰艇模型。

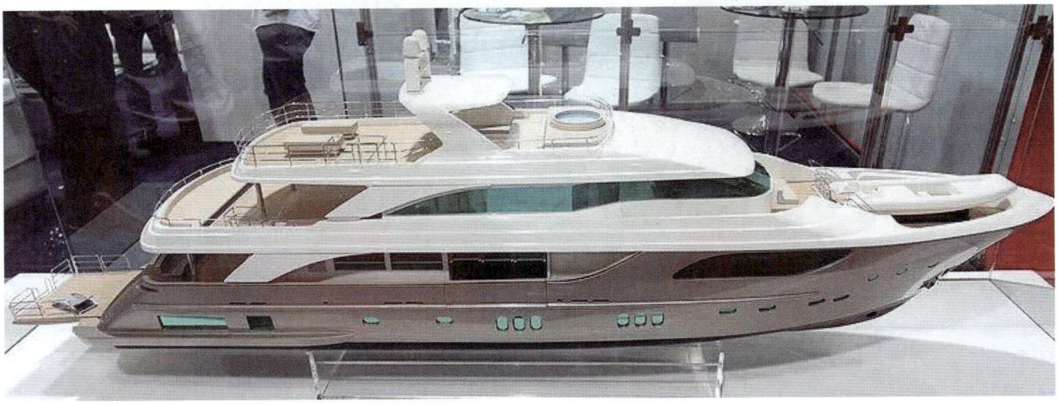

图 12-16 3D 打印舰艇模型

12.3.2 3D 打印柔性电路板

和人工智能、互联网等高新技术科技一样，3D 打印技术也被广泛应用在军事领域，特别是武器的研发。例如，美国空军利用 3D 打印技术研发了一种柔性电路板。这种 3D 打印的柔性电路板不仅体积小，而且功能十分强大，如图 12-17 所示。

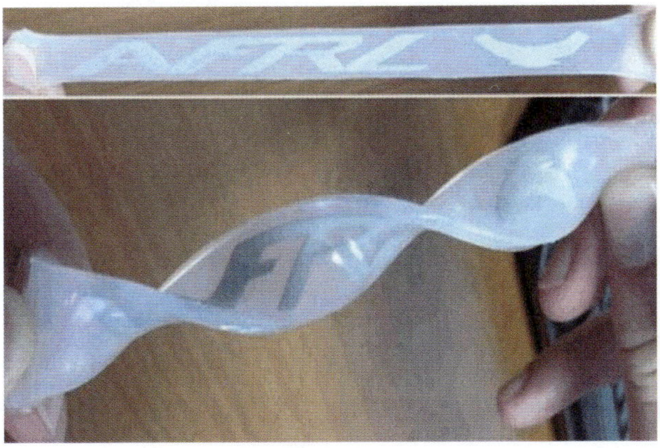

图 12-17 3D 打印柔性电路板

该电路板可以承受巨大的外部压力，所以很适合做飞机或炸弹的原材料，还可以用来制作可穿戴电子设备。

12.3.3 3D 打印人造头骨

为了测试美军头盔的防御抗冲击波能力，美国科学家利用 3D 打印技术打印出人造头骨，然后模拟爆炸和冲击的环境，以进行测试实验。如图 12-18 所示为 3D 打印人造头骨。

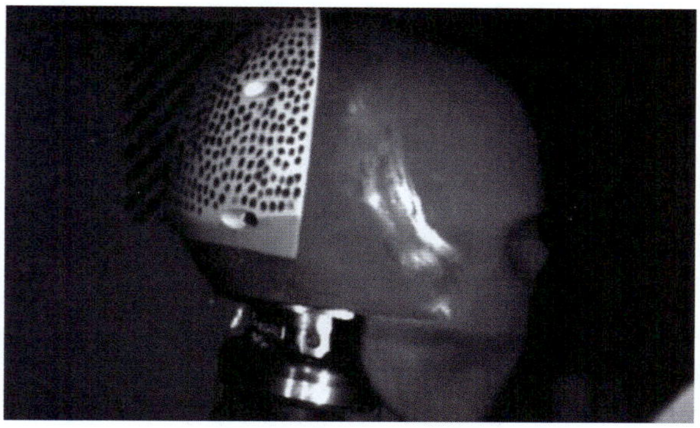

图 12-18　3D 打印人造头骨

美国陆军还通过 3D 打印技术研究子弹、衣服和食物等其他军用物品的制造和打印，3D 打印技术在美国军事领域已被广泛应用。

12.4　3D 打印在能源领域的应用

3D 打印技术在能源领域也有不少的应用，本节主要介绍 3D 打印在能源领域的应用案例。

12.4.1　3D 打印太阳能便携充电站

近几年来，随着智能手机技术的不断进步和迭代，如今的智能手机不仅可以实现有线充电和无线充电，其充电速度也越来越快。除了常见的充电方式以外，有人利用 3D 打印技术也实现了给智能手机充电的目的。

3D 打印太阳能便携充电站，可以同时给十二部手机充电，对于重度手机用户和游戏玩家来说，它简直是比充电宝（移动电源）还要厉害的神器。如图 12-19 所示为 3D 打印太阳能便携充电站。这个充电站配备两个数据线接口，采用太阳能供电，十分环保，而且外观设计为卡通游戏风格，个性化十足。

图 12-19　3D 打印太阳能便携充电站

12.4.2　3D 打印充电电池

3D 打印技术打印的充电电池不仅体积小，而且电池性能和普通电池没有差距。如图 12-20 所示为 3D 打印机正在打印充电电池。3D 打印制造电池的速度非常快，并且体积精度非常高，在未来有可能将会替代传统的充电电池。

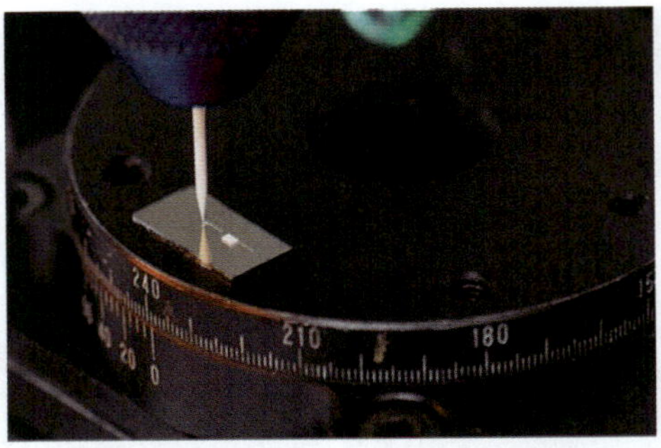

图 12-20　3D 打印充电电池

12.4.3　3D 打印太阳能窗口插座

如今，使用的电子设备越来越多，但是电源插座却不一定够用，于是利用 3D 打印技术设计了一款太阳能窗口插座，如图 12-21 所示。这款插座产品非常具有创意，是安装在窗户上的，插上插头之后，通过太阳能直接给设备进行充电。

图 12-21　3D 打印太阳能窗口插座

本章小结

本章主要介绍 3D 打印在航空航天、教育、军事和能源领域的应用相关知识。通过本章的学习，读者应了解 3D 打印的应用体系的补充；掌握 3D 打印在航天航空领域的应用案例、3D 打印在教育领域的应用案例和 3D 打印在军事领域的应用案例等。

本章习题

1．我国首次太空 3D 打印实验打印了什么？
2．太空 3D 打印技术的作用是什么？

第 13 章　3D 打印的现状和未来

本章导读

3D 打印从诞生到现在，还不到三十年的时间。我国 3D 打印目前还处于初级阶段，未来的 3D 打印有着巨大的发展空间。虽然我国 3D 打印的发展已经取得了一些进展和成果，但是问题也随之而来。本章主要介绍 3D 打印的现状问题和发展对策，未来的发展趋势。

本章重点

- 3D 打印的现状问题
- 3D 打印的发展对策
- 3D 打印的未来趋势

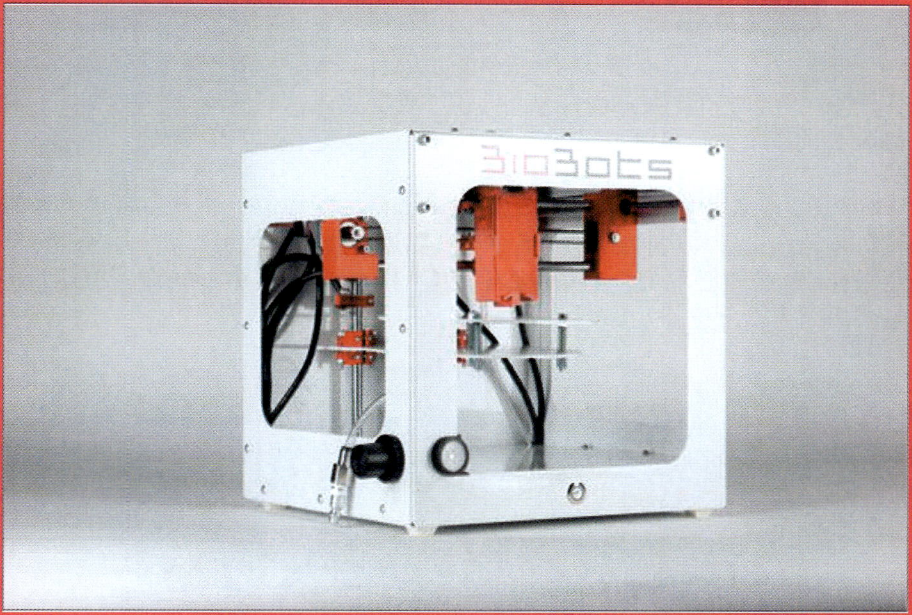

13.1　3D 打印的现状问题

3D 打印的现状远没有那么乐观，诸多因素也阻碍了 3D 打印的普和应用。

13.1.1　技术的问题

3D 打印是一项神奇的技术，但是目前的发展还有待完善，集中表现在成像精细度，也就是分辨率太低。如图 13-1 所示为 3D 打印的模型，从图片中可以看出，其打印的质量不是很好，因此 3D 打印在制造工艺上还有很大的提升空间。

图 13-1　低精度的 3D 打印模型

13.1.2　材料的限制

3D 打印可以实现多种材料的打印，如塑料、金属、陶瓷等，并且研发了多种新型材料，但是有些材料是无法进行使用打印的，而且一般都是比较昂贵的稀有材料。

材料是进行 3D 打印必不可少的条件，目前的 3D 打印材料还不能满足 3D 打印行业发展的需求，主要原因有以下三点，如图 13-2 所示。

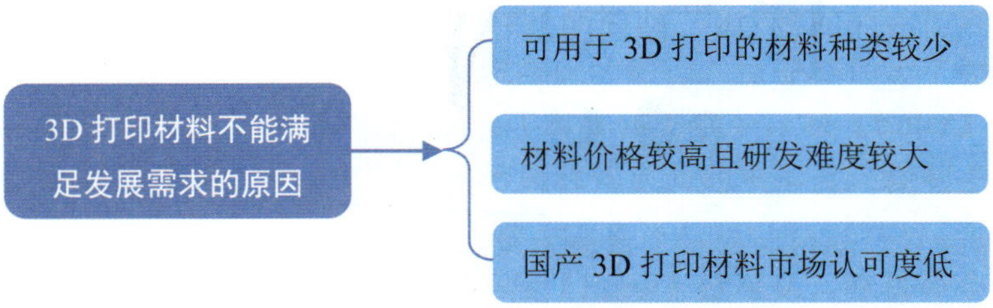

图 13-2　3D 打印材料不能满足发展需求的原因

工业级的 3D 打印材料非常有限，在打印和应用的过程中存在以下问题，如图 13-3 所示。

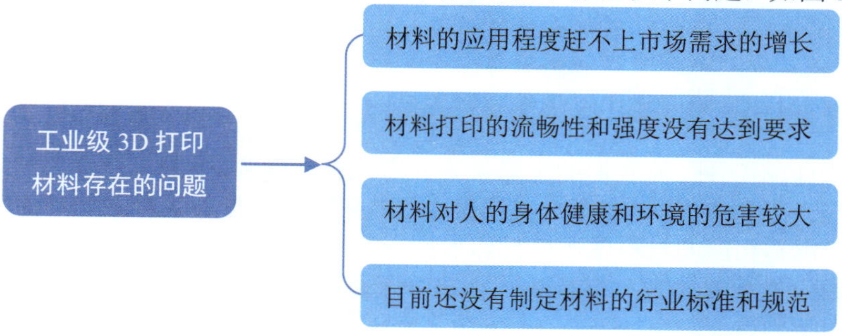

图 13-3　工业级 3D 打印材料存在的问题

目前 3D 打印机还没有发展到成熟的水平，所支持打印的材料有限。因此，材料是限制 3D 打印发展的一大因素。

13.1.3　机器的局限

3D 打印机几乎可以打印所有静态的物体，但要打印动态的物体就很难做到了，即使能够打印出来，物体的清晰度也很难保证，这是 3D 打印机的局限之一。

3D 打印机还有一个局限，如果要打印房屋或建筑物，那么 3D 打印机就需要比打印的建筑大，否则只能分开进行打印，由此 3D 打印的物体受限于 3D 打印机的大小。

如图 13-4 所示为某制造中心研发的大型 3D 打印机，虽然体积已经很大了，但对于打印比它大的物体，还是有心无力。

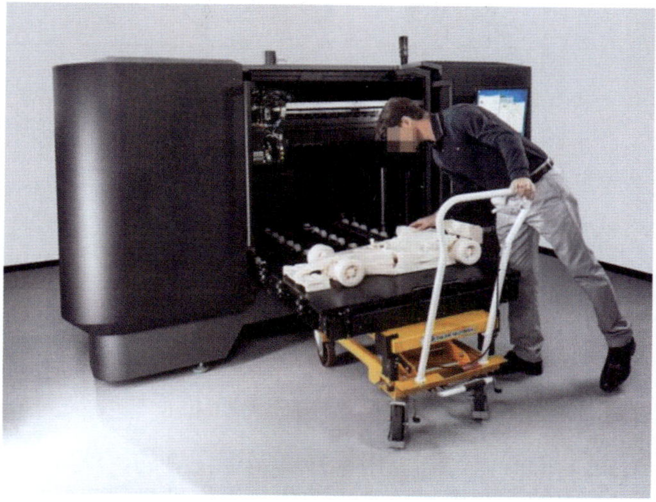

图 13-4　大型 3D 打印机

13.1.4　知识产权问题

现如今，各领域对版权保护的意识越来越强，版权纠纷也越来越多，最常见的领域就是影视、音乐、图片等。以前几乎所有的歌曲都可以免费下载，而如今下载歌曲不仅要开通会员，有些歌曲即使开通了会员也只能试听三十秒，必须单独购买版权才能享受完整的歌曲和下载权限。作为一个前景巨大的新兴行业，3D 打印的相关法律法规尚未完善和健全。因此，知识产权问题也是 3D 打印领域存在的问题之一。

13.1.5　道德的挑战

3D 打印也不例外，给我们的生活带来许多乐趣和便利的同时，也引发了一些潜在的问题，例如 3D 打印手枪。2018 年 8 月，美国宣布 3D 打印枪支合法化，这意味着每个人只要有设计图纸和打印机和相应的材料就可以打印出枪支武器。

这种趋势是不可行的，虽然 3D 打印枪支在美国合法，却是对道德的一种挑战，带来的安全隐患是无法预料的。

13.1.6　巨大的成本

3D 打印技术有了较大的进步和突破，目前还不具备普及民众。因为 3D 打印技术的研发成本非常巨大，好的打印机至少需要几千元，而且还不包括材料的费用。

例如，这款桌面级 3D 生物打印机 BioBots，售价五千美元，约为三万多人民币，如图 13-5 所示。这款打印机需要普及大众，就必须进行降价，但这又和厂商的成本和利益发生冲突。

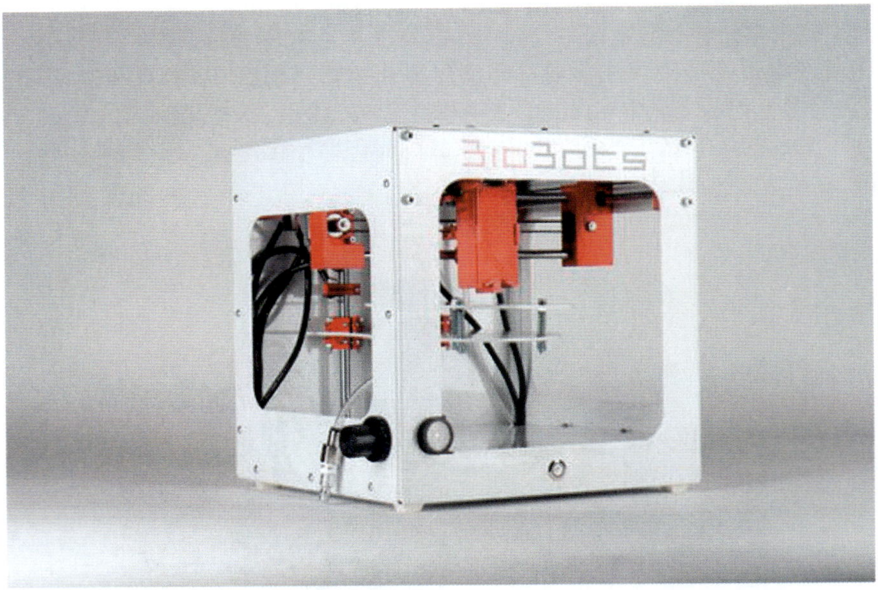

图 13-5　生物 3D 打印机 BioBots

每一项新技术在刚出来的时候，其商用价格都是不便宜的，就好比固态硬盘刚生产出来时候。随着硬盘产品和技术的不断更新和进步，如今固态硬盘的市场价格早已大幅降价，人人都买得起用得起。

随着 3D 打印技术的不断发展和进步，3D 打印技术的成本和相关产品的价格一定会下降到普通人所能接受的程度。那时候，3D 打印技术才是真正地走进我们的日常生活，惠及民众。

13.1.7　其他问题

3D 打印行业还存在着一些其他方面的问题，具体有以下几点，如图 13-6 所示。

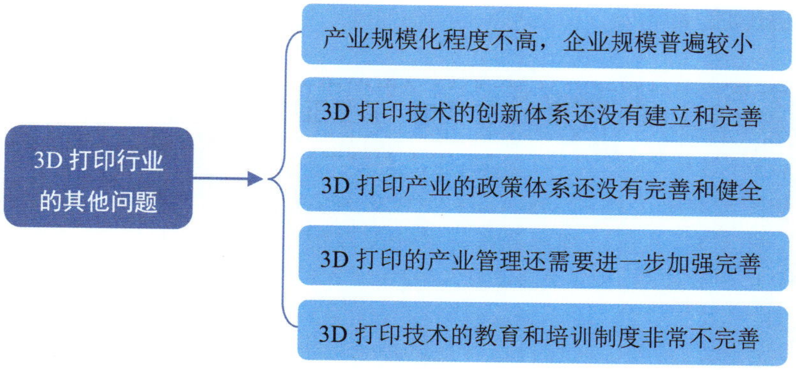

图 13.6　3D 打印行业的其他问题

13.2　3D 打印的发展对策

3D 打印产业链内容如下，如图 13-7 所示。

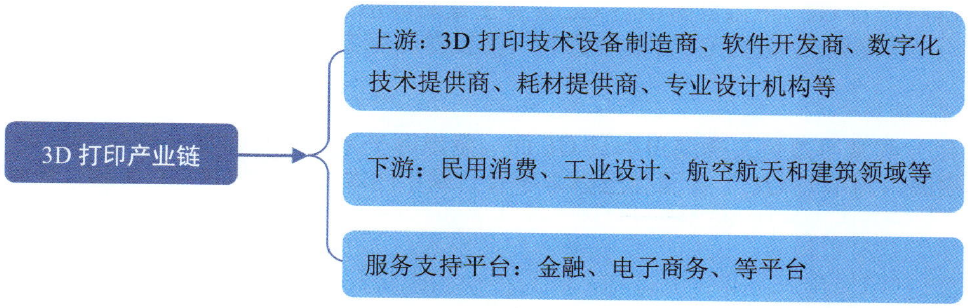

图 13-7　3D 打印产业链

13.2.1　3D 打印的发展方向

促进 3D 打印的发展，具体内容如图 13-8 所示。

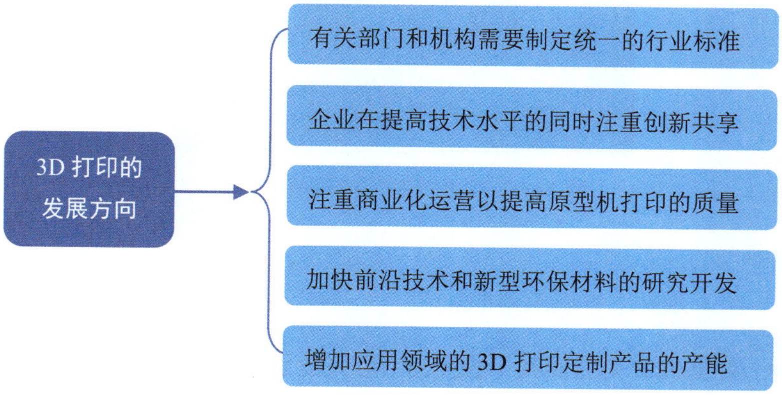

图 13-8　3D 打印的发展方向

13.2.2 3D 打印的政策支持

一项新的技术产业要想获得快速发展，离不开国家政府部门的政策支持，比如人工智能、物联网、云计算和大数据等。3D 打印也是如此，只有在良好的客观条件和环境下，才能取得重大突破。

目前，世界各国都在全力推进 3D 打印技术的发展，力图抢占行业和技术的制高点。对此，我国也不甘落后。近年来，我国陆续出台了许多相关政策来推动 3D 打印产业的发展，例如《增材制造（3D 打印）产业发展行动计划 2017-2020 年》《增强制造业核心竞争力三年行动计划（2018-2020）》等。

我国 3D 打印产业的发展已经取得了一定的成果，而这些与国家的政策支持和技术研发的不断进步密切相关。

13.3 3D 打印的未来趋势

关于 3D 打印的未来趋势，主要从行业、商业、产品和其他这几个方面进行分析，具体内容如下。

13.3.1 行业趋势

未来 3D 打印的行业趋势一共有四点，包括工业、医疗和教育三个方面，具体内容如下。

1. 成为推动工业化的新力量

3D 打印技术在工业制造领域的应用，改变了传统的工业生产方式。越来越多的产品零件通过 3D 打印技术来制造，比如汽车、飞机和家电等。如图 13-9 所示为 3D 打印家用电器塑料零件。3D 打印加速了工业化的进程，成为推动工业化发展的新力量。

图 13-9 3D 打印家用电器塑料零件

2. 3D 打印机助力工厂制造

随着 3D 打印在工业制造领域应用的深入，在未来，3D 打印机会用于工厂生产。3D 打印机的更新越来越快，其性能在不断地提升，制造商的生产运营经验也变得更加丰富。因此，3D 打印零部件的混合制造工艺将代替传统的制造工艺，并加速 3D 打印产品的制造进程。

3. 利用 3D 打印来治病救人

3D 打印的医疗植入物可以提高生活质量，因为 3D 打印能够按照体型实现精准定制，被广泛应用于钛质骨植入物、假肢和矫正设备。如图 13-10 所示为 3D 打印钛质骨植入物。在未来，3D 打印的血管和动脉可能会应用在医疗手术中。

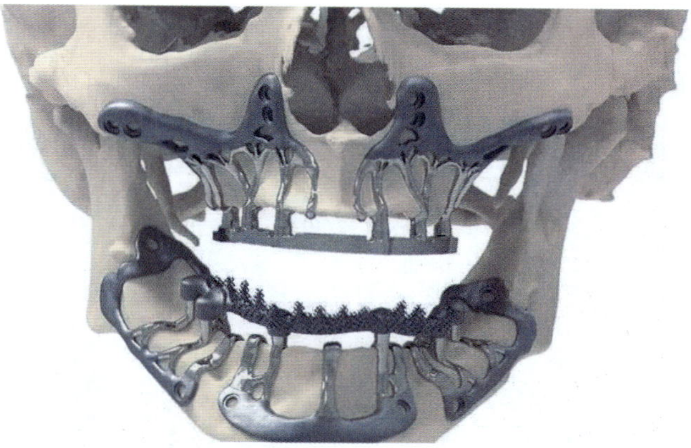

图 13-10　3D 打印钛质骨植入物

目前，3D 打印在医疗领域的应用和探索主要有 3D 打印器官组织、3D 打印药物和纳米医学等方面。将来，3D 打印可能会实现药物定制，并缓解器官供应短缺的情况。

4. 3D 打印机提升教育水平

3D 打印能够提升学校的教学水平和质量，而 3D 打印机能够支持数字素养（信息管理术语）的教育。随着 3D 打印技术成本的下降，许多学校已经配备了 3D 打印机，如图 13-11 所示，学校的 3D 打印机，学生可以从学校带回 3D 打印机制作的物品。

图 13-11　学校的 3D 打印机

13.3.2　商业趋势

3D 打印技术的诞生了一个新的行业兴起，也促进了其商业模式的发展，从以下两个方面分析 3D 打印的商业趋势。

1. 促进新的商业模式的诞生

在未来，可以通过 3D 打印技术制造新产品和服务，并提供给目标用户人群，从而促使新的商业模式诞生。

2. 通过 3D 打印店进行创业

目前，已经有一些 3D 打印的服务店出现，如图 13-12 所示。利用 3D 打印技术和机器为消费者和顾客提供 3D 打印服务，这些 3D 打印店将会转移到消费市场。

图 13-12 3D 打印店

对于消费者而言，有了 3D 打印店，就可以去店里定制自己需要的物品，或者体验 3D 打印的产品和服务。

13.3.3 产品趋势

3D 打印改变了产品的生产制造方式，提高了产品的生产效率，带来了更多有趣的产品。以下从四个方面介绍未来 3D 打印的产品趋势。

1. 定制个性化产品成为常态

在未来，每个人都可以按照自己的想法和需要来购买定制的产品，产品个性化定制也将成为企业和同行竞争的优势。如图 13-13 所示为定制的 3D 打印手机壳。

图 13-13 定制的 3D 打印手机壳

企业还会调整产品销售渠道，从而充分利用 3D 打印技术的定制能力。在医疗器械领域也同样利用 3D 打印进行产品定制，例如 3D 打印助听器等，如图 13-14 所示。

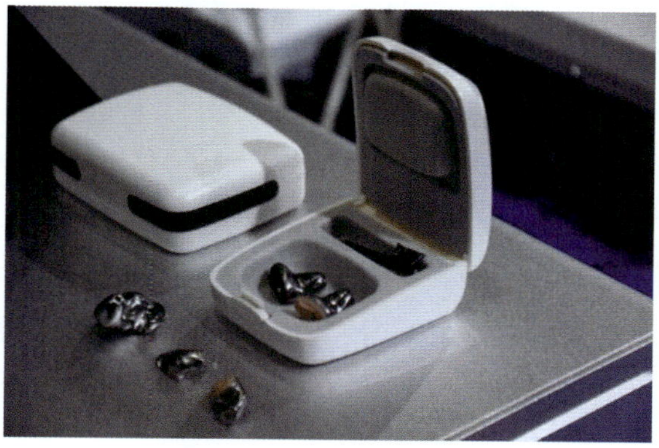

图 13-14　3D 打印助听器

2. 加快产品的更新换代速度

3D 打印是一项非常强大的技术，它可以缩短产品从设计到制造的时间，从而加快产品的创新速度，促进产品的更新换代。

随着 3D 打印机的性能越来越强，3D 打印软件的功能不断完善，可用于 3D 打印的材料持续增加，使得设计师们将更加容易地制造出更好的产品，其设计速度也大大提升。

3. 知识产权问题将更加突出

因为利用 3D 打印技术能够轻易地复制和模仿他人的产品，从而侵犯他人版权，随着原创设计者对侵权问题的重视，以后关于 3D 打印知识产权的官司和诉讼也会不断增加。

4. 3D 打印产品会更受欢迎

和传统方法制造的产品相比，3D 打印的产品具有神奇的特性，所以受到许多大众的喜爱，具备显著的竞争优势。因为在产品制造的过程中，3D 打印技术能够精确地控制材料的使用，其制造的产品精度非常高，随着 3D 打印行业的不断发展，将来会有更多神奇的 3D 打印新产品出现。

13.3.4　其他趋势

未来 3D 打印的其他趋势，如图 13-15 所示。

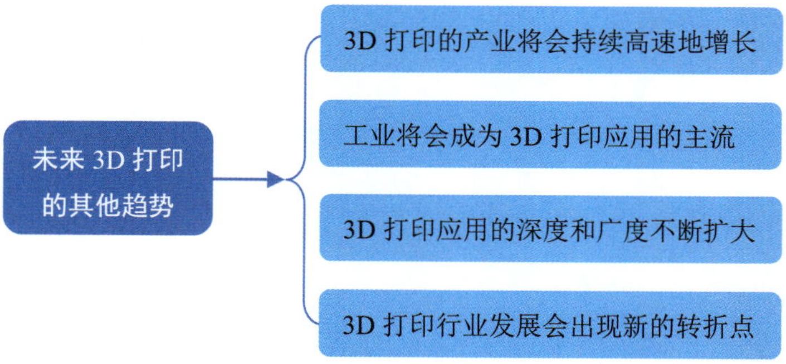

图 13-15　未来 3D 打印的其他优势

3D 打印行业新的转折点，主要内容有以下四点。

（1）3D 打印产业的发展已经进入了关键时期。

（2）3D 打印产业链的分工变得更加合理和专业。

（3）出现后续的服务支持平台丰富整个产业链。

（4）企业加大投入力度并拥有稳定的用户群体。

本章小结

本章主要介绍了目前 3D 打印的现状、发展对策和未来发展趋势。通过本章的学习，读者应了解 3D 打印有技术、材料和机器等因素的限制；掌握 3D 打印未来的发展趋势有行业、商业、产品和其他这四类。

本章习题

1．3D 打印行业存在的其他问题有哪些？

2．未来 3D 打印的其他趋势有哪些？

第 14 章　4D 打印技术

本章导读

在 3D 打印技术还没有完全成熟，产品还没有完全普及时，更为先进的 4D 打印就出现了。4D 打印是在 3D 打印的基础上发展而成的一种技术，与 3D 打印相比多了一个时间的维度。本节主要介绍 4D 打印的基本概况、4D 打印的应用领域和 4D 打印的问题趋势的内容。

本章重点

- 4D 打印的基本概况
- 4D 打印的应用领域
- 4D 打印的问题趋势

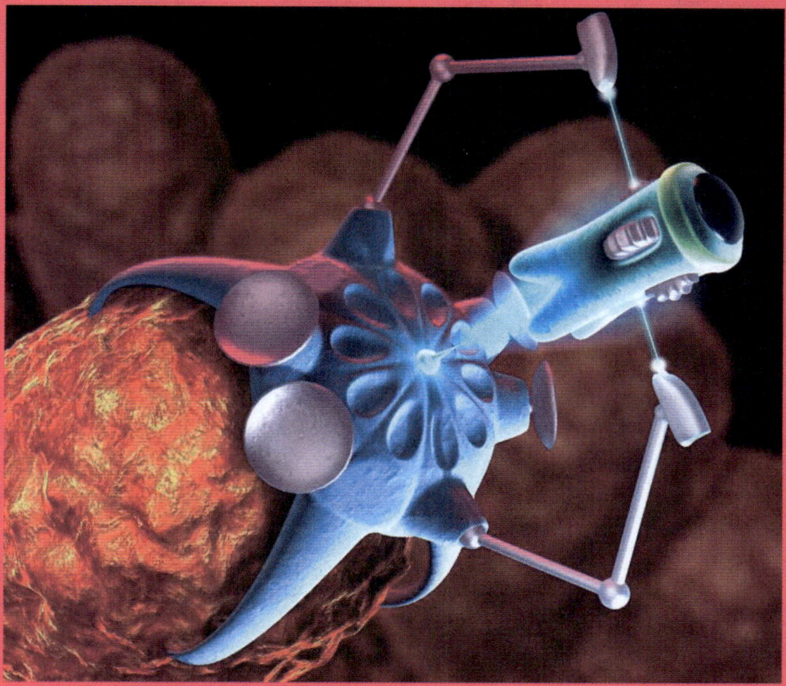

14.1　4D 打印的基本概况

本节主要介绍 4D 打印的基本概况、 4D 打印的构成要素和 4D 打印的工作过程等内容。

14.1.1　4D 打印诞生的过程

4D 打印源自科学家斯凯拉 • 蒂比茨（Skylar Tibbets）的一次实验，利用 3D 打印技术设计了一组能够自行组装的零件，然后将零件放入烧杯中并摇晃烧杯，零件就自动组装成了一个 3D 模型，该实验证明了 4D 打印技术的可行性。

随后，他和 Stratasys 公司的人一起合作发明了能够在水里变形的高分子聚合材料，该材料如果碰到水就会自动延长。当蒂比茨把这种材料和不可延伸的材料融合到一根线里并放入热水中时，过一会线就自动弯曲变形了。接着又进行了第二次实验，且加入了更为复杂的算法和设计，这时水中的线就自动弯曲成 3D 效果的立方体，如图 14-1 所示。

图 14-1　自动弯曲成 3D 效果的立方体线条

蒂比茨表示这是一种让材料自动快速成型的新技术，就是 4D 打印技术，更确切地说是一种可以自动变形的材料，只要把它放入水中就可以根据设计自动变形成相应的形状，其核心是自我组装。

14.1.2　4D 打印的概述

4D 打印是斯凯拉 • 蒂比茨在 TED2013 大会上提出的一项新技术。第四维度指的是时间，该技术就是让物体随着时间的推移，进行自我变化，其发展的关键是设计的软件和复合材料。

它的提出震惊了全世界，向人们展示了一个崭新的有关制造业的科学视角，有着与 3D 打印不一样的理念和发展，而这些刚好是科学技术在传统制造业方面有待突破的领域。4D 打印的相关内容如下。

1. 4D 打印的定义

4D 打印和 3D 打印相比，多了一个“D”，这个“D”是指时间维度。4D 打印技术可以利用软件来设定模型和时间，变形材料会按照设定的时间变成既定的形状。

4D 打印就是把设置放到可变形的材料中，不用连接机电设备就能够根据设置自动变形成相应的形状，而实现这个过程的关键是记忆合金。

2. 4D 打印的原理

4D 打印和 3D 打印不同，3D 打印是先建立 3D 模型，然后再打印出成品，而 4D 打印的原理是将设计放入自动变形的材料中，然后在特定的时间或环境下，根据设计自行组装。

3. 4D 打印的意义

4D 打印技术能够制造出有适应能力、自动修复的智能产品，它的开发灵感来自于生物的自我修复能力。有专家认为，4D 打印技术的诞生有可能意味着自我组装产品时代的降临，从而完全改变传统的工业制造甚至其他行业。

在未来，产品会变得更加智能化，可能所有的产品都能实现自行组装和修复。可以按照自己的需求将设计内置到产品中，然后等待产品自动打印完成。虽然，目前受技术和材料等因素的限制，4D 打印仍处在研发阶段，还不具备大规模应用的条件。但是，随着 4D 打印技术的进步，4D 打印的产品一定会普及到日常生活中。

14.1.3　4D 打印与 3D 打印的区别

“1D”是线条，“2D”是平面，“3D”是立体，包含三个维度，即长度、宽度和高度；而“4D”则比“3D”多一个时间维度，如图 14-2 所示。

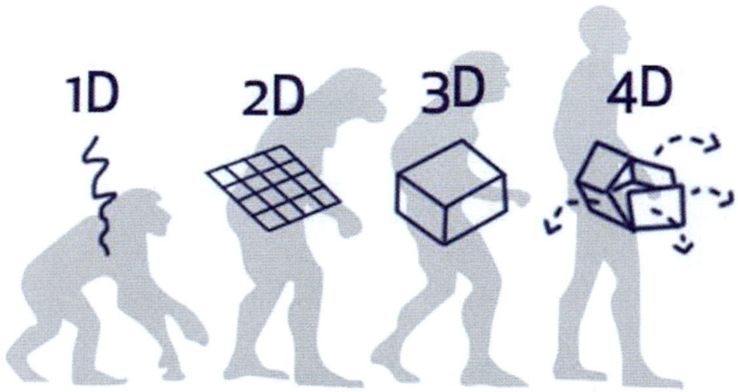

图 14-2　从“1D”到“4D”

14.1.4　4D 打印与 3D 打印的联系

4D 打印在打印材料、打印方式和打印产品等方面表现出了与 3D 打印完全不同的特性，但与 3D 打印又存在着紧密的联系。主要表现在以下两个方面，如图 14-3 所示。

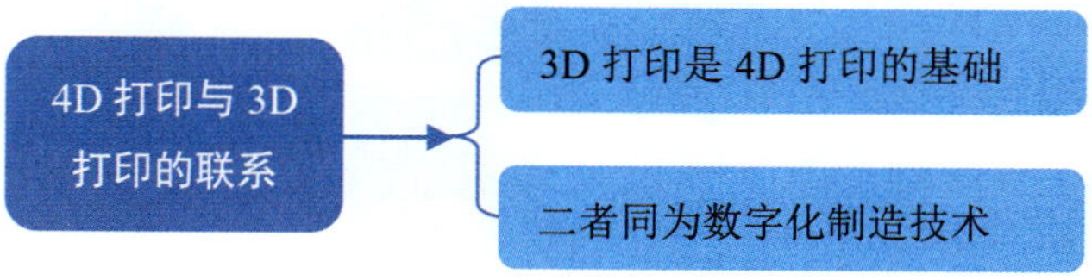

图 14-3　4D 打印与 3D 打印的联系

1. 3D 打印是 4D 打印的基础

3D 打印是 4D 打印的基础，主要表现在以下两个方面，如图 14-4 所示。

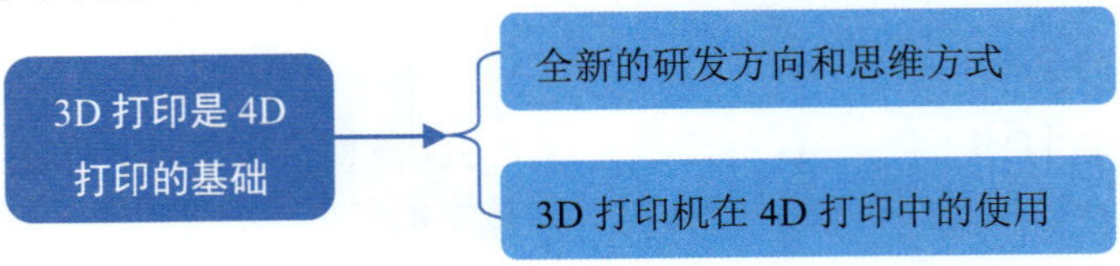

图 14-4　3D 打印是 4D 打印的基础

具体内容如下。

（1）全新的研发方向和思维方式。在 3D 打印出现之前，不管是印刷业还是制造业，它们的发展方向都是纵向的。而 3D 打印出现以后，这些行业和领域在横向上都有所发展，比如给科学家提供了全新的研发角度，对未来的商品充满了无限遐想。

例如，印刷业不管是雕版印刷还是活字印刷，本质上都只是在平面内的复制。而 3D 打印则是在立体空间内的复制，两者有空间维度上的根本区别。如制造业，3D 打印改变了传统制造业的产品生产模式，提高了产品生产的质量和效率。

3D 打印拓展了科学家的科研领域，能够制造出其他技术无法完成的物体，而且简化了产业设计和制造过程，实现了快速成型。3D 打印为个性化定制提供了技术条件，导致了人们对产品的个性需求不断增加，也激发了人们的思维和想象力，推动了产品的创新。

（2）3D 打印机在 4D 打印中的使用。由于 4D 打印技术尚不成熟，因此其打印过程需要借助 3D 打印机配合完成，这是由 3D 打印机的功能和 4D 打印技术的特性决定的。4D 打印和 3D 打印的产品在本质上都属于 3D 产品，它的单一打印环节是可以通过 3D 打印机来完成。

2. 二者同为数字化制造技术

4D 打印和 3D 打印另一个表现就是二者同为数字化制造技术，因为在产品完成之前，它们的工作都需要借助计算机电脑来进行，比如数据扫描、软件设计和数据建模等，这些都是数字化制造技术的一部分。

（1）数字制造技术的定义。数字化制造，是制造行业的数字化，是数字化技术和制造技术的结合。也是在各种技术的支撑下，按照用户要求，快速收集和产品有关的信息并对其进行分析和整合，以实现产品的设计和制造，从而快速生产出满足用户需求的产品。数字化制造的过程主要包括以下五个环节，如图 14-5 所示。

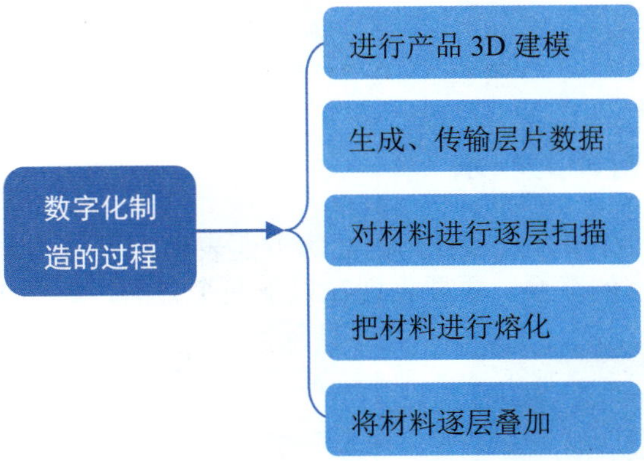

图 14-5　数字化制造的过程

（2）4D 打印、3D 打印和数字化制造。3D 打印的数字建模过程就是其数字化的过程，它是数字化制造技术的一种，能够把设计思维转化为原型或直接制造零件，从而可以缩短产品的开发周期。3D 打印一般是使用数字技术材料打印机来进行的，常被应用于模具制造和工业设计等领域，比如使用 3D 打印技术制造成型的零部件。如图 14-6 所示为 3D 打印变速箱。

图 14-6　3D 打印变速箱

▶ 专家指点

数字化指的是把信息转化为数字和数据，然后建立数字化模型，再转化成二进制代码输入到计算机进行处理。

14.1.5　4D 打印的构成要素

4D 打印的构成要素主要有四个，如图 14-7 所示。

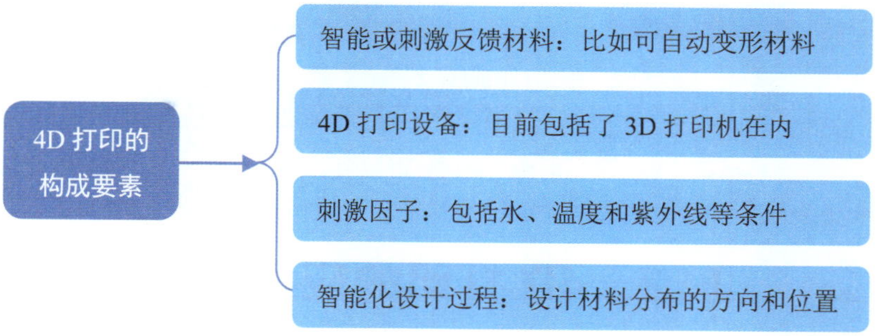

图 14-7　4D 打印的构成要素

14.1.6　4D 打印的工作过程

4D 打印的工作过程主要分为两个阶段，如图 14-8 所示。

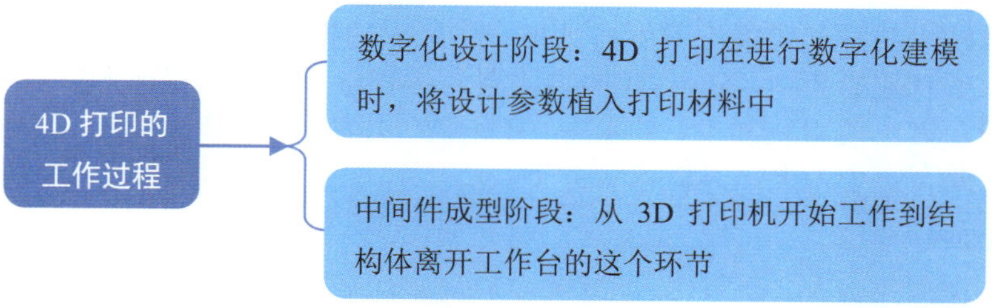

图 14-8　4D 打印的工作过程

14.1.7 4D 打印的优势

4D 打印技术的优势有以下四点，如图 14-9 所示。

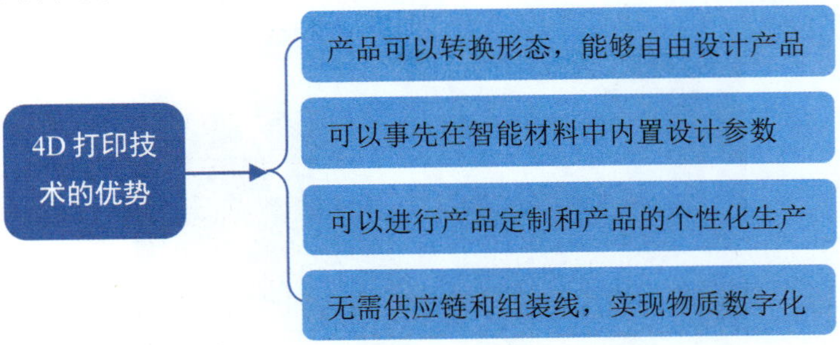

图 14-9 4D 打印技术的优势

14.1.8 4D 打印的制造技术

4D 打印的产品生产中，主要使用的制造技术有以下几种，如图 14-10 所示。

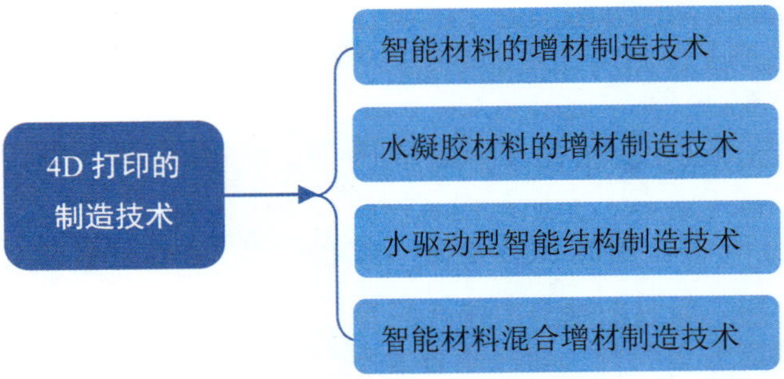

图 14-10 4D 打印的制造技术

14.2 4D 打印的应用领域

目前 4D 打印技术还是处在萌芽期的新兴技术，随着 4D 打印技术的期望值不断上升。许多行业和领域，已经开始了队 4D 打印技术的应用探索。

14.2.1 生物医疗

生物科学技术的发展对医疗卫生的进步产生巨大的推动作用，它能为医疗卫生提供更多的治疗方案和更有效的药物。4D 打印的物体因为具有自我组装和变形的特点，所以能够进入非常小的空间，这也使 4D 打印技术具备了在生物医疗领域应用的条件。4D 打印在生物医疗领域的应用主要有三个方面，具体内容如下。

1. 人体组织和器官

血管是人体的器官之一，4D 打印技术已经能打印出血管，如图 14-11 所示。

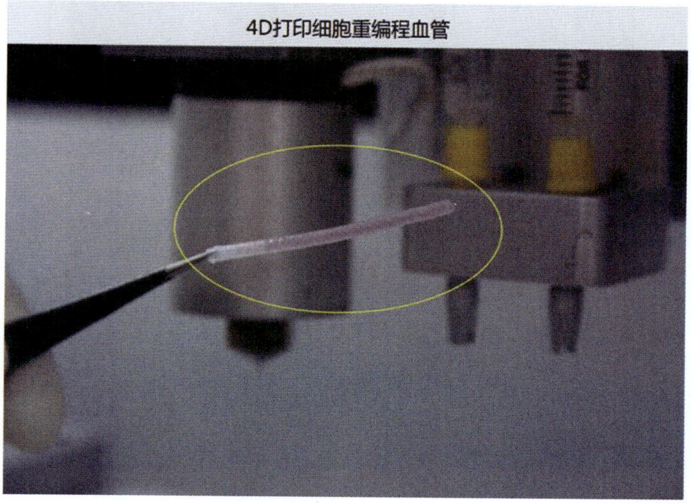

图 14-11　4D 打印血管

4D 打印血管拥有自动调节和修复的功能，这是其他技术无法相比的，制作 4D 打印血管只需要通过软件将设计参数置入到材料内部即可。除了 4D 打印血管以外，还有 4D 打印皮肤，如图 14-12 所示。

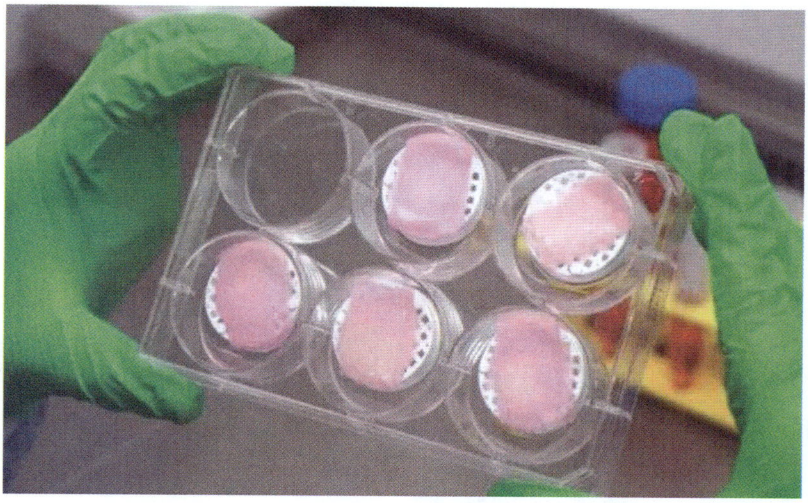

图 14-12　4D 打印皮肤

4D 打印的皮肤在替换癌变和烧伤的皮肤时，可以实现很好的匹配，从而大大提高病人或伤员的治愈率。

2. 医疗器械

4D 打印的医疗器械能够进入人体内部，跟随不同部位的环境而变化，从而达到隔离癌细胞、保护健康部位为目的。特别是一些重要的器官，比如鼻子、眼睛等。

4D 打印的医疗器械主要有 4D 打印纳米机器人、4D 打印器官支架等。4D 打印纳米机器人可以在人体内 24 小时不停地巡逻。如图 14-13 所示为 4D 打印纳米机器人。

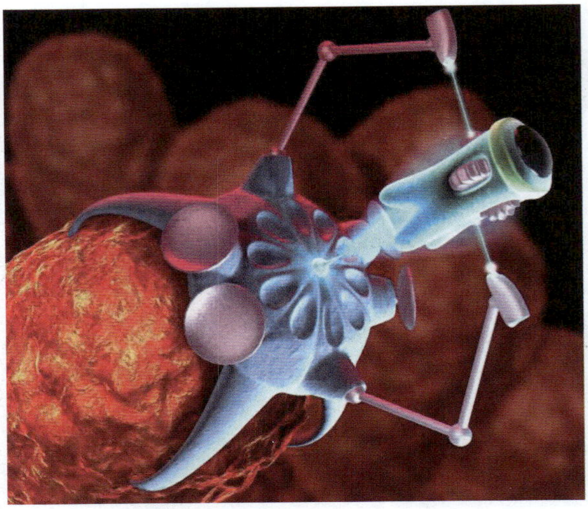

图 14-13　4D 打印纳米机器人

4D 打印纳米机器人不仅可以对人体垃圾进行清扫，还能够及时发现潜在的癌变细胞，并在第一时间将其杀死和清除，以保护人体的健康。

4D 打印器官支架能够充分发挥自动变形的优势，替换和修复被损坏的细胞和组织。例如，4D 打印生物心脏支架能够以非常微小的形态进入体内，然后变形成可以撑开的空心支架。如图 14-14 所示为 4D 打印生物心脏支架。

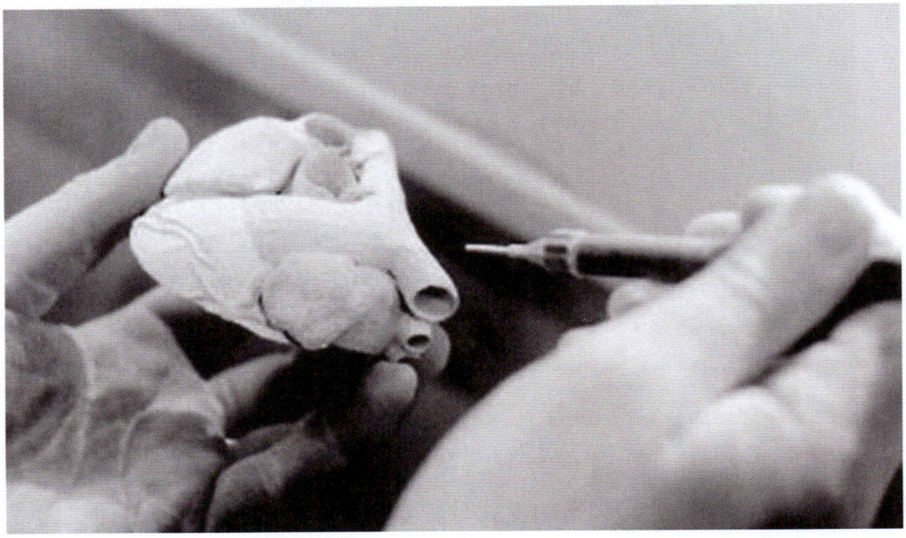

图 14-14　4D 打印生物心脏支架

3. 抗癌药物

由于 4D 打印的物体能够在一定介质条件下自动变形，因此研究人员利用这个特性研发出了 4D 打印抗癌药物。4D 打印抗癌药物其实是 4D 打印细胞，研究人员把癌症病毒设置为诱发 4D 打印细胞变形的刺激因子。当 4D 打印细胞接触到癌细胞时就会自动变形，然后直接把癌细胞吞噬或者消灭，最后进行自我分解随新陈代谢排出体外，如图 14-15 所示。

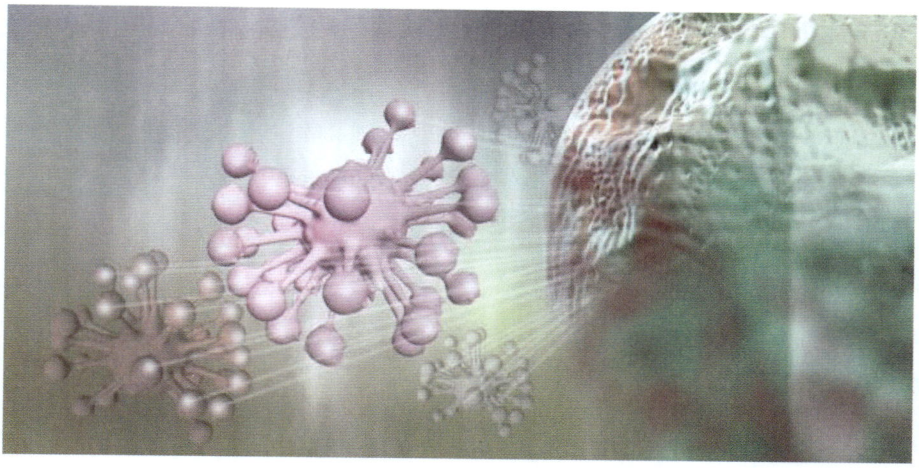

图 14-15 4D 打印细胞接触癌细胞时发生变形

4D 打印活组织植入物也可以用来治疗癌症，如图 14-16 所示。4D 打印活组织植入物不仅可以治疗癌症，还可以用来替换损坏的软骨。这种 4D 打印的活性植入物能够大大降低和人体的排斥反应。即便出现排斥反应，它也可以通过变化进行自我调整，以便适应人体。

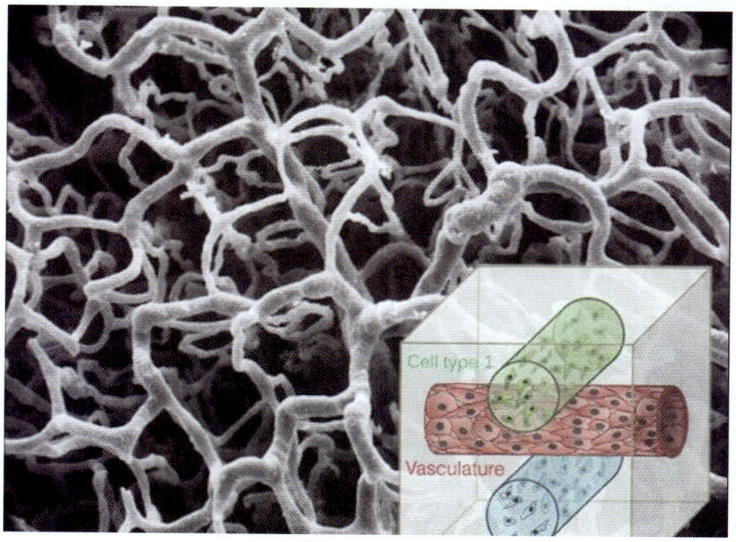

图 14-16 4D 打印活组织植入物

虽然，4D 打印技术在生物医疗领域的应用能够造福人类，但是也存在着一定的风险。比如 4D 打印纳米机器人，如果控制不好，就容易被坏人所利用。3D 打印的物体相对来说具有可控性，而 4D 打印的物体由于材料具有可编辑、可变形的特性，只有在刺激因子的作用下才会变成真正的样子，具有不可操控性。

14.2.2 军事工业

军事工业，是与军事有关的工业方面。在我国，主要是指为国防建设服务，直接为部队提供武器装备和其他军需物资的工业部门和工厂等军需单位。

4D 打印的军工设备能够按照战场环境和作战目标的不同进行调整，从而自动适应实战状况，提高作战能力。例如，4D 打印的伪装服，不仅具有轻便性，还能和周围的环境很好的融合在一起，以便侦查员或狙击手更好地执行任务。4D 打印的大型军用设备可以利用自动变形、自我组装的特性实现回收携带的目的，

4D 打印或许能帮军事工业走出困境，既实现其技术的进步，又促进其效益的提高。4D 打印的产品能即需即造，完全能建立小而精、反应灵活的军民一体化的军事工业基础。4D 打印在军事领域的潜在应用前景是非常巨大的。

以下从武器装备、大型军用装备部件、微型军用机器人和军事后勤保障四个方面介绍 4D 打印技术在军事工业领域的应用和展望。

1. 武器装备

传统的武器装备制造过程和 4D 打印的武器装备制造过程不同，传统工艺方法制造的武器装备使用之后就报废了，而 4D 打印制造的武器使用之后可以进行回收，然后再重新部署进行制造。美国军方正在研发 4D 打印的自适应伪装作战服，该作战服具有三个方面的功能，如图 14-17 所示。

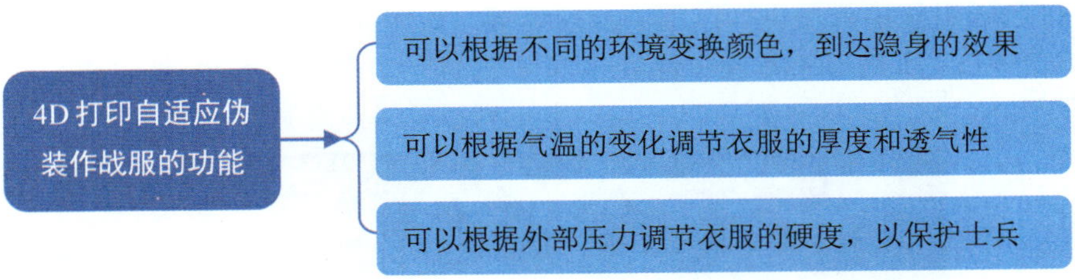

图 14-17　4D 打印自适应伪装作战服的功能

2. 大型军用装备部件

制造大型军用装备部件，首先要考虑的就是成本问题，通过 4D 打印技术来制造的话可以大大降低其制造成本。例如，4D 打印的军用人造卫星，可以减少机械部件的使用数量，从而降低卫星发射的成本。

3. 微型军用机器人

如今的微型军用机器人依然是用齿轮和轴承等机械部件制成的，传统的材料限制了其体积和质量的进一步减少，但 4D 打印的微型军用机器人能够大大缩减体积和质量，可以灵活运动，从而更好地执行侦察和作战的任务。在未来，4D 打印微型军用机器人有可能会取代传统的微型军用机器人。如图 14-18 所示为 4D 打印微型军用机器人。

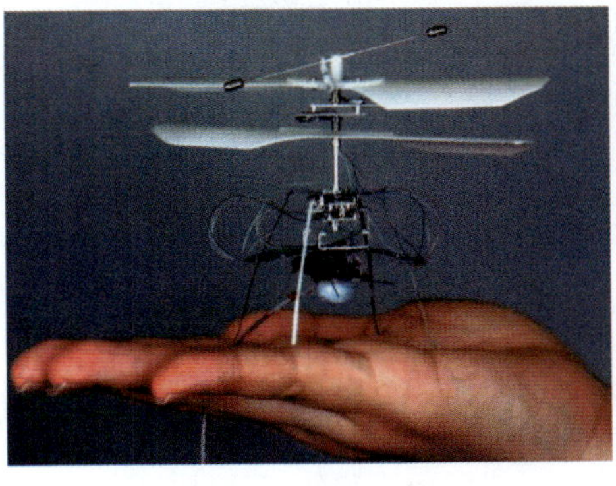

图 14-18　4D 打印微型军用机器人

4. 军事后勤保障

4D 打印技术能够把武器装备做成折叠状态，更加方便随身携带。4D 打印的半成品拥有非常强的可塑造能力和环境适应能力，可以减少军用装备的种类和数量，从而有效地提高后勤效率，发挥出强大的作战能力。例如，4D 打印万能背包在水中能够变成救生艇；在高空降落时能够变成降落伞；在晚上宿营时还可以变成帐篷。

14.2.3　产品设计

4D 打印作为一项比 3D 打印更加先进的技术，不需要通过定制来实现个性化产品的设计，就能完全按照自己的想法进行制作，并且可以随时更新自己的设计，使产品的个性化制造更加方便，从而超越 3D 打印的私人定制，更好地满足个性化的需求。

4D 打印促使私人定制向私人工厂转变，私人工厂的出现能够更加便捷地满足人们个性化的需求，从而加快了产品创新的速度，这是私人定制进一步发展的结果。4D 打印能够充分发挥数字文件的优势，并将其延伸到实体领域，进而提高产品生产的质量和效率。

4D 打印技术可以让人自己设计和制造产品，比如家居产品，实现完全的自主生产。以 4D 打印冰箱为例，它可以根据用户的需求进行自我组装，以便自动调整空间大小。

▶ 专家指点

4D 打印的私人工厂和 3D 打印的私人定制的区别在于，4D 打印技术不仅可以满足人们的个性化需求，还可以随时自定义产品的设计。

14.2.4　服饰行业

1. 4D 打印连衣裙

这件 4D 打印连衣裙是由美国某设计工作室通过 3D 打印技术制成的，与普通的 3D 打印物体不同的是，该工作室的系统通过特定的算法，生成可内部折叠的结构，把裙子从打印机上拿下来后，它就会自动恢复预设的形状，如图 14-19 所示。

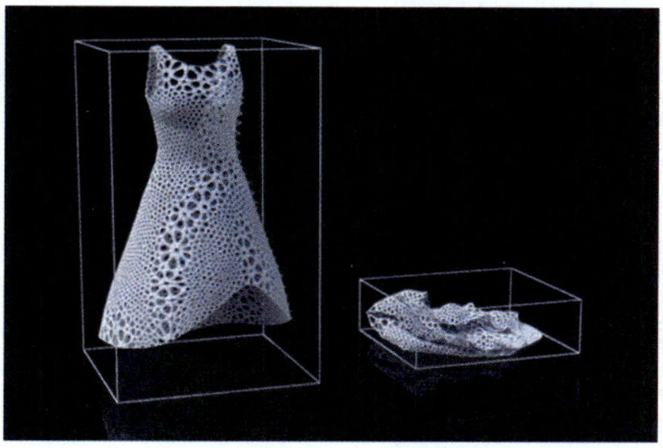

图 14-19　4D 打印连衣裙的形状折叠

这件 4D 打印连衣裙作为永久藏品收藏于纽约现代艺术博物馆中。因为它诠释了服装制造的另一个可能——它可以用塑料制造并具有织物一样下垂的质感，更重要的是它能够“变形”，如图 14-20 所示。

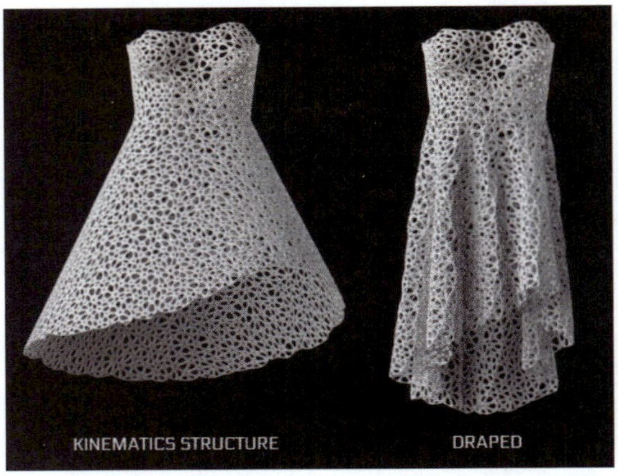

图 14-20　4D 打印连衣裙变换形态

这件 4D 打印连衣裙实物的试穿效果，如图 14-21 所示。除了 4D 打印连衣裙以外，该设计工作室还设计了一系列的 4D 打印首饰，如图 14-22 所示。

图 14-21　4D 打印连衣裙实物的试穿效果

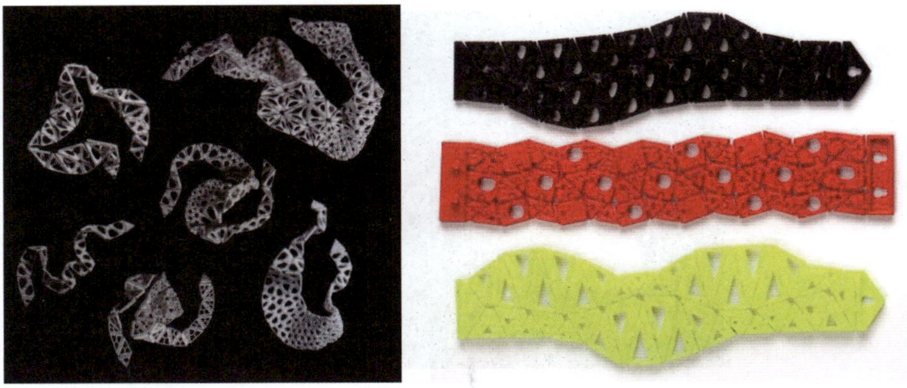

图 14-22　4D 打印首饰

14.2.5　交通工具

随着 4D 打印技术的发展，在将来能够按照自己的需求来打印汽车零部件。如汽车性能和外观设计等，通过零部件的自我组装功能制造出个性化定制的专属汽车。另外，4D 打印的汽车由于可以变成比原来更小的形状，从而减少汽车占用的空间，缓解汽车停车资源紧张的问题。

未来，4D 打印汽车的安全措施会更加先进，因为把交通事故和自然灾害（比如恶劣天气）作为智能材料的刺激因子时，4D 打印汽车就会自动采取措施来保护车内人员的安全，有可能安全气囊会被取代。

目前，各大汽车厂商正在努力的将 4D 打印技术应用到汽车制造当中，例如宝马汽车公司使用具有延展性的材料，通过灵动结构技术，制造出了一款名为“BMW VISION NEXT 100”概念车，如图 14-24 所示，该车的车身可以变形。

图 14-24　“BMW VISION NEXT 100”概念车

14.2.6　建筑领域

4D 打印技术在建筑领域具有非常大的应用价值和潜力，例如 4D 打印水管能够根据受力情况自动改变管道的直径、硬度，当遇到洪水等自然灾害的时候，4D 打印水管通过变形，从而保证供水的正常。

通过 4D 打印技术建造的房屋和建筑物具有可变形的能力，其空间大小和内部结构能够根据用户的需求而变化。比如，在会客的时候，4D 打印房屋会将卧室或书房的空间分配给客厅的公共空间。

14.2.7　航空航天

在航空航天领域，利用 4D 打印技术同样可以实现对空间的合理分配，例如可以将需要运输的物体通过 4D 打印做成便于运输的形状，然后让其在太空中自动完成组装等操作，这样不仅可以节省运输空间，还能够降低运输的成本和难度。

另外，4D 打印的飞机在遇到特殊环境时能够进行自我分解，比如变成胶囊状安全防护罩，从而有效地保护乘客。

14.2.8　教育领域

4D 打印可以改变传统的教育模式和学习方法，能够提高学生的学习兴趣和专注度。下面主要介绍 4D 打印在教育应用的特点、4D 打印在教育应用的作用和 4D 打印在教育应用的场景内容。

1. 4D 打印在教育应用的特点

4D 打印在教育领域应用的特点主要有以下三个，如图 14-25 所示。

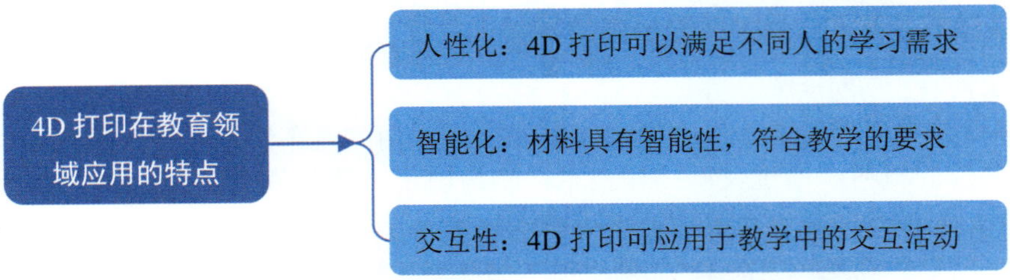

图 14-25　4D 打印在教育领域应用的特点

2. 4D 打印在教育应用的作用

4D 打印在教育领域应用的作用主要有以下三点，如图 14-26 所示。

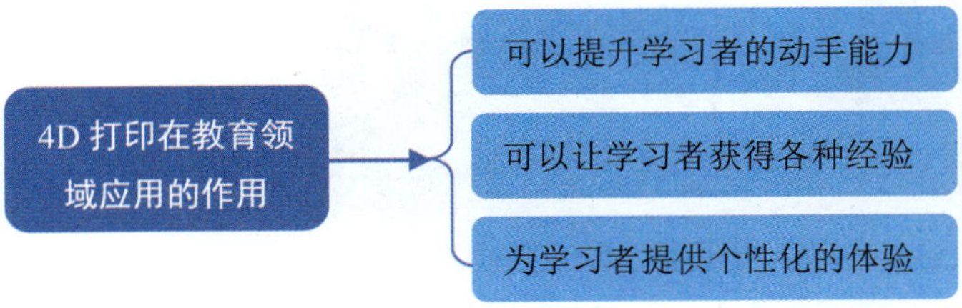

图 14-26　4D 打印在教育领域应用的作用

3. 4D 打印在教育应用的场景

4D 打印在教育领域应用的场景主要有以下五个方面，如图 14-27 所示。

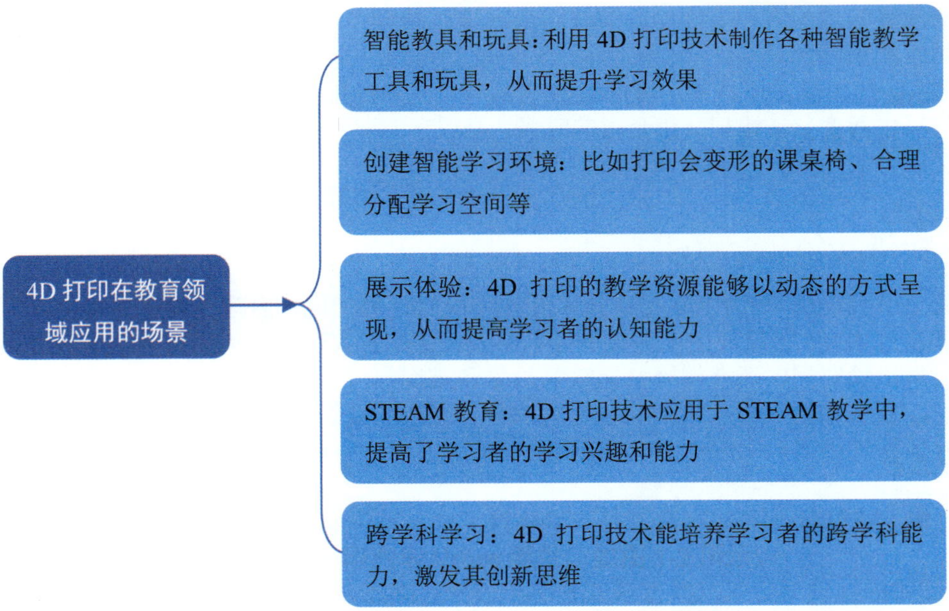

图 14-27　4D 打印在教育领域应用的场景

除了以上应用场景之外，4D 打印技术还可以应用于 AI 教育，这是因为 4D 打印的材料本身就具有智能性，将具有智慧的产物从虚拟空间拓展到现实空间，从而可以给学习者提供更好智能学习体验。

14.3　4D 打印的问题趋势

虽然，4D 打印比 3D 打印发展的时间短，但是也存在着一些问题，本节主要介绍 4D 打印发展的制约因素和 4D 打印对未来的影响。

14.3.1　4D 打印发展的制约因素

4D 打印的发展才刚刚起步，但是也遇到了发展瓶颈，这也是 4D 打印技术发展非常缓慢的原因之一。4D 打印的发展除了受制于 3D 打印的发展进程之外，制约因素还有以下三个方面：设备、材料和设计。

1. 设备

智能材料的变形能力缓解了打印机尺寸限制的问题，但是因为其特殊性，所以对打印设备提出了更高的技术要求，这就导致了打印设备价格非常高。对于 4D 打印设备而言，除了价格的原因之外，在打印精度和操作等方面也还存在很多问题，4D 打印设备的这些问题都制约了 4D 打印技术的发展和普及。

2. 材料

除了设备的制约因素以外， 4D 打印所使用的材料是具有记忆功能的智能材料，它可以感知外界刺激，从而进行自动变形和组装。这种材料不仅要能够应用于打印机，而且还要具备自我修复等适应能力。目前，4D 打印智能材料的刺激因子还只是水，但随着 4D 打印技术的发展，在将来，会有更多的介质条件成为可以触发智能材料自动变形的刺激因子。

3. 设计

智能化设计过程是 4D 打印的构成要素之一，也是制约 4D 打印技术发展的一个因素。4D 打印的物体之所以可以进行自动变形和组装，除了智能材料和设备技术以外，还有一个核心条件就是软件的设计。

只有将设计参数通过软件程序嵌入到智能材料中，它才会按照既定设计进行自动变形，这也是 4D 打印和 3D 打印的不同之处。设计也是目前 4D 打印发展需要攻克的一个关键问题，也就是如何实现设计的专业化，能够使用户轻松学会操作。

14.3.2　4D 打印对未来的影响

1. 实现工业生产集约化

在工业制造领域中，3D 打印虽然能够使生产的结构部件变得更加轻巧、坚固，但却不能让产品随着外部环境的变化而自动适应，而 4D 打印可以。在未来，4D 打印将简化产品生产制造的环节，降低成本消耗和资源浪费，从而改变工业制造的生产方法和经营模式，实现工业生产集约化。

2. 提供预防癌症的疫苗

4D 打印纳米机器和 4D 打印细胞，都是 4D 打印技术在生物医疗领域的应用，同时也是 4D 打印对人类社会产生的影响之一，为治疗癌症提供了一条全新的技术途径。

在未来，可以把 4D 打印细胞作为癌症疫苗注射到人体内，从而实时监控人体环境变化，防止细胞癌变，达到预防癌症的目的。对于未知的病毒，也可以利用 4D 打印技术研制的疫苗来预防。

3. 私人定制转向私人工厂

在传统的工业制造时代，产品制造都是批量化生产，难以满足人们的个性需求。这是因为生产商要通过标准化批量生产来控制成本，增加企业利润。

3D 打印的出现，使产品能进行私人定制，以满足用户的个性化需求。在此基础之上，4D 打印更进一步，能让用户实现完全自主化生产，建立属于自己的自定义工厂。因此，未来 4D 打印会推动私人定制向私人工厂转变。

4. 加快产品创新速度

传统的产品生产和制造，从产品设计到制造以及销售需要很长一段时间，因为各方面的因素影响了产品开发的周期。

4D 打印和 3D 打印一样，能够快速实现产品设计的想法和思维。它还可以通过自动变形进行自我完善和修正，不断地进行创新。4D 打印可以大幅度缩短产品研发的时间，加快产品创新的速度。

5. 变革传统商业模式

4D 打印技术的发展，将会变革传统的商业模式，例如不再销售完整的产品，而是销售产品的零部件；用户购买的产品不再是已经制作好的成品，而是按照自己的需求购买的相应的零部件。

这种商业模式的改变所表现在以下两个方面，如图 14-28 所示。

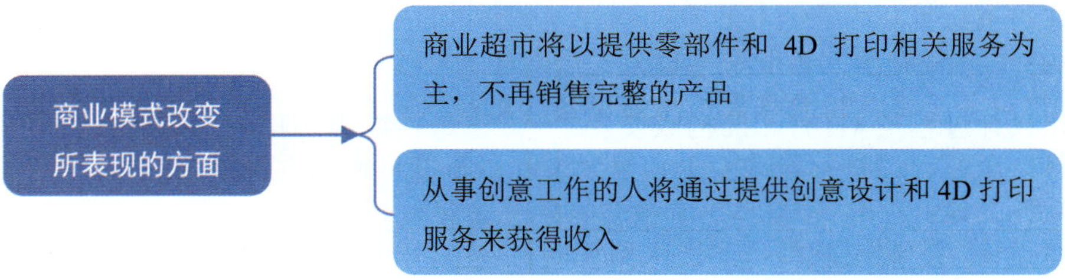

图 14-28　商业模式改变所表现的方面

6. 知识产权监管难度加大

和 3D 打印一样，4D 打印也存在知识产权的问题， 4D 打印的知识产权问题会更加严重，这是通过 4D 打印复制出来的物体具有自我变化的能力，这无疑加大了知识产权监管的难度。

7. 降低人工制造成本

4D 打印技术能够降低产品制造的成本， 4D 打印生产的产品具有可变形和自我组装的能力，也正是因为如此，未来的产品制造将不再需要人工进行组装，从而取代了人工制造，减少了人力成本。

本章小结

本章主要介绍了 4D 打印技术的基本知识。通过本章的学习，读者应了解 4D 打印的基本概况；掌握 4D 打印的问题趋势，4D 打印的应用领域。

本章习题

1．什么是 4D 打印？
2．4D 打印和 3D 打印有什么联系？